DINÂMICAS
E JOGOS
PARA AULAS DE
MATEMÁTICA

Dados Internacionais de Catalogação na Publicação (CIP)
(Câmara Brasileira do Livro, SP, Brasil)

Borges, Francis
   Dinâmicas e jogos para aulas de matemática / Francis Borges,
Solimar Silva. – Petrópolis, RJ : Vozes, 2024.

   ISBN 978-85-326-6510-2

   1. Jogos educacionais 2. Matemática – Estudo e ensino I. Silva,
Solimar. II. Título.

23-168924
                                                   CDD-510.7

Índices para catálogo sistemático:
1 Jogos : Matemática : Ensino   510.7

Eliane de Freitas Leite – Bibliotecária – CRB 8/8415

Francis Borges
Solimar Silva

DINÂMICAS E JOGOS PARA AULAS DE MATEMÁTICA

EDITORA VOZES

Petrópolis

©2024, Editora Vozes Ltda.
Rua Frei Luís, 100
25689-900 Petrópolis, RJ
www.vozes.com.br
Brasil

Editoração: Maria da Conceição B. de Sousa
Diagramação: Sheilandre Desenv. Gráfico
Revisão gráfica: Michele Guedes Schmid
Capa: Rafael Machado

ISBN 978-85-326-6510-2

Este livro foi composto e impresso pela Editora Vozes Ltda.

Apresentação da Solimar

Deixa-me contar como este livro nasceu e por que estou tão animada por apresentá-lo a você.

Sou a Solimar, formada em Letras, professora há algumas décadas. Fiz Letras para deixar bem claro que Matemática não era a minha praia. Aliás, até acreditava ser culpa do DNA, já que meus pais e irmãos também não tinham habilidade para os números.

Se você é professor de Matemática, como o Francis, deve estar se lamentando por mais um possível talento ter se perdido. Talvez você, o Francis e eu saibamos o porquê: matemática não precisa ser esse bicho de sete cabeças que devora criancinhas indefesas – no caso, a única vítima aqui entre nós três fui eu, não é mesmo?!

Em 2005 dei aula de Inglês para o Francis em uma unidade da Faetec em Xerém (Duque de Caxias). Naquele local, em que só trabalhei durante um ano, eu tinha seis turmas de trinta alunos cada, com três horas de aula semanais; sendo três turmas na sexta-feira e três no sábado. A cada dia, eu viajava cerca de duas horas para chegar ao local, pegando dois ônibus para ir e dois para voltar. Saía de casa às 6h e voltava às 21h. Mas, como amei aqueles alunos!

Francis tinha 17 anos e estava no Ensino Médio, sendo um dos cinco alunos mais brilhantes e educados que tive nas turmas; aquele tipo de aluno que todo(a) professor(a) deseja ter em sua sala de aula.

O tempo passou, e aquele rapazinho se tornou um profissional licenciado em Matemática, especialista em Novas Tecnologias do Ensino da Matemática e mestre em Ciência e Tecnologia dos Materiais. Casou-se, mudou-se (literalmente; saiu de Xerém e foi para Nova Friburgo). Deu aula em muitos lugares e já atua como professor na rede particular e estadual de ensino há mais de uma década.

Desde então, eu também mudei várias vezes. Terminei o mestrado, fiz mais duas especializações e doutorado, escrevi muitos livros, casei, tive filho, viajei pelo mundo, empreendi, divorciei. Ou seja, muitas coisas aconteceram desde que conheci o rapaz estudioso em minha sala e a parceria, feita para este projeto, com esse profissional incrível.

Em um curso online dos Estados Unidos, cursei álgebra em inglês, e aprendi. Depois, fiz um MBA em Gestão Empresarial, em que estudei matemática financeira. Daí percebi que poderia aprender – só me faltava embasamento. Também percebi que para a menina que fui na escola faltou um professor dinâmico e criativo, que conseguisse tirar o ar sisudo da matemática e deixar minha veia criativa brincar com os números, e... aprender!

Graças às tecnologias digitais, consegui acompanhar o Francis pelas redes sociais e comecei a ver que meu ex-aluno tinha se tornado o professor de Matemática que eu gostaria de ter tido na minha época de Ensino Fundamental e Ensino Médio.

Suas aulas sempre são empolgantes, cheias de vida, desafios e muita dinâmica. Eu, apaixonada por dinâmicas e jogos no ensino, já havia publicado *Dinâmicas e jogos para aulas de idiomas* (meu livro inaugural na Editora Vozes); *Dinâmicas e jogos para aulas de Língua Portuguesa* e, mais recentemente, *Dinâmicas e jogos para aulas de Ciências* (os dois últimos também foram escritos em parceria). E aí, comecei a pensar: e se tivéssemos um livro de dinâmicas e jogos para aulas de Matemática?

Então, depois de uma conversa com Francis, pelo Zoom*, em 2022, perguntei se ele topava se juntar a mim para escrevermos um livro de dinâmicas e jogos para aulas de Matemática, para, assim, ajudar outros professores que querem impedir que seus alunos saiam de suas salas achando que não possuem o dom de aprender, fazendo-os se divertir e descobrir que os números não são um bicho-papão.

Francis tinha alguns dos meus livros, e nossa conversa foi bem próxima do lançamento do livro *Dinâmicas e jogos para aulas de Ciências* – ele foi o primeiro a adquirir. Prontamente, Francis topou participar do projeto e, juntos, organizamos este livro.

E a menina que um dia tinha muito medo das aulas de Matemática, que ia tremendo para o quadro resolver algum problema, está aqui, conversando com você. Quero lhe dizer: Obrigada por você buscar ser um(a) professor(a) diferenciado(a) e impactar a vida dos seus alunos. Matemática é vida, e fico muito feliz por proporcionar vida em suas aulas. Espero que este livro lhe ajude nessa jornada.

Um abraço,

Solimar
(Mas também pode ser sua aluna tímida da
sua sala de aula que está querendo
aprender matemática como e com você.)
@professorasolimarsilva

Apresentação do Francis

Você acredita que até agora fico todo bobo que este livro se tornou realidade e está em suas mãos? Sempre foi um sonho escrever um livro, e depois que comecei a lecionar e aplicar algumas destas dinâmicas em minhas aulas, seria interessante poder compartilhá-las com outros colegas. Então, aqui já vai a primeira dica; sei que é clichê, mas "nunca desista dos seus sonhos". Você consegue!

Solimar já me apresentou, e muito bem. Mas o que não posso deixar de falar é minha visão em relação às aulas dela. Talvez você discorde, mas para mim nada melhor do que um aluno dedicado para falar de sua professora. Olha que eu nem sabia do sacrifício que ela fazia para se deslocar até Xerém (Duque de Caxias). Fiquei sabendo igual a você.

Sobre a pessoa Solimar nem preciso comentar, porque dispensa comentários. Mas não posso deixar de falar sobre suas aulas, que eram incríveis! Tendo domínio do conteúdo e da turma, ela deixava seus alunos em estado confortável; sentávamos em círculos, debatíamos e nos sentíamos protagonistas do nosso aprendizado. Ninguém chegava atrasado, mas acredito que pedir licença e pedir desculpas por estar atrasado em inglês tenha contribuído (até hoje sei pronunciar; isso eu não esqueci). Brincadeiras à parte, Solimar é uma professora que sempre valorizou o potencial de seus alunos. Você acredita que ela me fez levar um saxofone para uma de suas aulas? E olha que eu nem sabia tocar direito, e ainda não sei. Foi capaz de entender e valorizar meu esforço e dedicação, pois sabia que era importante para mim.

Precisamos ter esse tipo de cuidado com os nossos alunos; temos que incentivar, valorizar e colaborar para que eles alcancem os sonhos e os tornem realidade, como este livro.

Falando em DNA, assim como a Solimar, deixa-me confessar uma coisa: sou filho de professora de Português. Minha mãe fez de tudo para que eu gostasse do universo das letras, mas sempre tive dificuldades, e ainda tenho. Este livro em suas mãos representa uma maneira que tenho de dizer à minha mãe: Muito obrigado! Por todo o incentivo e esforço, mesmo sendo diretora em duas escolas; depois de um dia exaustivo e provavelmente conturbado, arrumar um tempo, mesmo que de madrugada, para olhar minha lição de casa. Por isso, escrever este livro tem um grande significado para mim; ele vai além de ser coautor e municiar meus colegas de trabalho com alternativas para uma aula diferenciada. O objetivo aqui é mudar vidas, quebrar bloqueios em relação à matemática, que não precisa ser o bicho-papão dos alunos, e apresentá-la como algo leve e divertido.

Não sei como você escolheu ser um(a) professor(a) de Matemática, mas no meu caso foi uma professora de Matemática; mais especificamente do 7º ao 9º anos. Ou melhor, ela foi *A* professora de Matemática! Faço questão de deixar seu nome registrado: Carla Lanza. Com poucos recursos em uma escola pública de um município com falta de investimento em educação, ela não media esforços para que seus alunos aprendessem, e sem contar que ela era daquele tipo de professora durona, brava e que não exigia respeito; não precisava, pois sempre conquistou admiradores no seu ofício. Acredito que todo(a) professor(a) teve outro(a) professor(a) ou professores(as) que o(a) levaram a ser o(a) educador(a) que é hoje. Comigo não foi diferente, e espero muito que você tenha tido uma Carla Lanza, uma Solimar Silva, um Cláudio Saiani, um João Bosco, um Norberto Cella, entre outros. E mesmo que alguns deles já não estejam entre nós, o seu legado permanece. Aqui vai o meu muito obrigado.

Espero que este livro o ajude a ir além daquela aula tradicional (do famoso cuspe e giz) ou de uma aula com recursos tecnológicos, da qual o aluno não é protagonista do seu aprendizado e nem se apropria do conteúdo, mas que você seja capaz de influenciar e inspirar seus alunos em suas aulas quebrando paradigmas e desmistificando a matemática, trazendo-a mais próxima do(a) aluno(a).

A proposta deste livro é buscar dar leveza na hora de revisar ou ensinar um conteúdo. Os materiais muitas vezes empregados são fáceis de se encontrar, como: papel, caixa de papelão, garrafa pet, marcador de quadro etc. As abordagens empregadas nas dinâmicas ou nos jogos são de fácil compreensão e aplicabilidade. E tenho certeza de que os seus alunos já conhecem muitos dos jogos aqui apresentados. Espero que você se divirta ainda mais nas suas aulas com a ajuda deste livro.

Portanto, que a cada dia consigamos influenciar mais nossos alunos e, assim como a minha professora, que não mediu esforços para mostrar a matemática atrativa e instigante, mudou a realidade de muitos e inclusive a minha, que você impacte a vida dos seus alunos. A semente matemática que ela plantou em mim germinou, cresceu e deu frutos.

Um abraço,

Francis
(Que busca ser o professor que gostaria de ter!
Com certeza adoraria ser seu aluno e aprender
matemática se divertindo.)
@uff.francis

Dedicatórias

A Deus, pelo dom da vida.

Aos meus alunos. Sem eles, este livro não teria sentido.

Aos professores que ensinam o valor do conhecimento.

À minha amada esposa, Bruna Borges, por acreditar em mim e não deixar que eu desistisse.

À minha mãe, Dona Flávia – como gosto de chamá-la, de forma carinhosa –, pelo amor incondicional e por ser um referencial em minha vida. Ao meu pai e aos meus irmãos, pela infância maravilhosa.

A Solimar Silva, pelo convite e parceria. Sem ela eu não conseguiria realizar este sonho.

Francis

* * *

Ao Francis Borges, por embarcar nesta deliciosa aventura.

A vocês, colegas professoras(res), ou professoras(res) de Matemática, que me recebem muitíssimo bem nos encontros que faço nas escolas e secretarias de educação!

Solimar

Sumário

Bônus – Jogos africanos para você se inspirar em suas aulas, 83

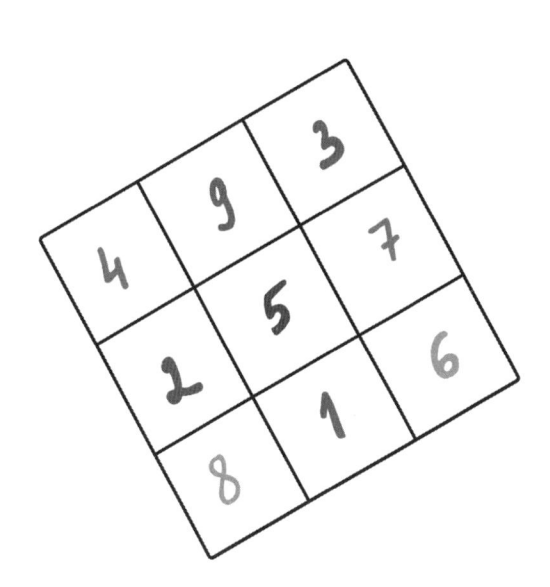

Purrinha de matemática

6° ano

Assunto: Quatro operações.

Tempo: 20 minutos.

Recursos: Papel, moedas ou palitos, pedrinhas, feijões (algo que possa ficar escondido dentro de uma mão).

Passo a passo

Porrinha ou Purrinha (como os cariocas chamam) é um jogo apreciado por muitas pessoas, especialmente quando há apostas. Ele utiliza objetos variados (algo que possa ficar escondido facilmente dentro de uma mão) e consiste em tentar adivinhar a quantidade da soma desses objetos presentes em sua mão e na do desafiante.

Quem sai na frente fica em desvantagem, pois o adversário utilizará o palpite como informação na sua jogada.

A Porrinha permite a participação de vários jogadores, sendo necessário ter estratégia e raciocínio, para não contar somente com a sorte.

Nossa proposta é utilizar os valores presentes em cada mão dos jogadores como se fossem números, que podem ir de 1 até 10, dependendo do tamanho dos marcadores, e assim trabalhar a soma, a subtração, a multiplicação e até a divisão. No caso da divisão, os alunos podem trabalhar o conceito de valor aproximado ou estimativa.

Exemplo de rodada

Peça a cada aluno para que faça dez bolinhas de papel bem pequenas. O número 1 ou a quantidade 1 será representado por uma bolinha; o número 2 ou a quantidade 2 será representado por duas bolinhas, e assim por diante, até o número ou a quantidade 10, representado por dez bolinhas. Após a confecção das bolinhas, os alunos são separados em duplas, trios ou quartetos; seja por afinidade entre os colegas ou à escolha de você, professor(a). Após a formação dos grupos, informe que eles irão se enfrentar.

Os alunos escolhem quantas bolinhas devem ter em sua mão: de zero (nenhuma) até dez (quantidade máxima), antes de colocar a mão fechada com a palma para baixo na frente de seu adversário. Vence quem for melhor depois de três disputas. Aconselhamos que as disputas aconteçam ao mesmo tempo, para que a atividade seja mais rápida. Você, professor(a) anuncia: Primeira disputa de três. Todos os alunos disputam e cada dupla vê quem acertou o palpite, jogando até a terceira disputa. Em seguida separa-se o ganhador de cada grupo.

Conforme os alunos vão vencendo, eles enfrentam outros ganhadores. Os que forem perdendo são avisados de que terão uma nova oportunidade para desafiar um dos colegas – seja ganhador ou perdedor – de partidas anteriores.

No final da atividade um dos alunos será o vencedor.

Esta dinâmica beneficia tanto você, professor(a), que tem possibilidade de observar melhor quem precisa de uma atenção especial na operação que ele escolheu trabalhar, quanto os alunos, que reforçam os estudos de forma divertida.

Indo além

Uma sugestão é trabalhar números inteiros e utilizar as duas mãos, sendo a mão esquerda com valor negativo e a direita com valor positivo. Os jogadores só podem optar por uma das mãos em cada rodada. Acreditamos ser uma ótima oportunidade para introduzir a regra de sinais, tanto na soma como na multiplicação, assunto que gera muita confusão por parte dos alunos.

Adedanha matemática

7º ano

Assunto: Números inteiros.

Tempo: 15 minutos.

Recursos: Papel e caneta.

Passo a passo

Adedanha ou Adedonha, também chamado de *Stop*, é um jogo muito conhecido no universo das palavras. A proposta aqui é trabalhar o cálculo mental, pois quando a criança já começa a entender o processo da soma e subtração, o cálculo mental favorece o processo de aprendizagem e a percepção da abstração dentro dos conteúdos de matemática relacionados à álgebra e à geometria, tão importantes posteriormente na compreensão de conceitos a serem abordados no Ensino Médio.

O ideal para este jogo é que os participantes sejam agrupados em círculo, variando de cinco a oito alunos. Antes de formar os grupos, você deverá orientar os alunos a escreverem em três ou mais pedaços de papel em tamanho que caiba na palma de uma das mãos – e que o colega seja capaz de enxergar – um número precedido do sinal de + ou –; ou seja, conjunto dos números inteiros.

Você poderá determinar a quantidade de alunos no grupo e a de papéis a serem escritos, pois ele(a) consegue visualizar o nível de aprendizado de seus alunos.

Exemplo de rodada

Agrupados em círculos e com os papéis escritos, os alunos dizem "Adedanha" e, ao mesmo tempo, abrem a mão. Ganha aquele que somar mais rápido. Se necessário, utilize calculadora para *validar* a resposta do vencedor e favorecer a lisura do processo.

Caso haja empate, os alunos podem desempatar com uma disputa simples, utilizando as duas mãos, com um dos papéis com os números escolhidos em cada uma e, novamente, ganha quem fizer o cálculo mental mais rápido.

No final, para saber quem é o ganhador da turma, forme um círculo com os ganhadores dos grupos anteriores. Neste caso não há um número mínimo de alunos; porém, eles devem utilizar as duas mãos, para aumentar o nível de dificuldade.

Indo além

É possível trabalhar o cálculo mental para números racionais. Os procedimentos são os mesmos; porém, a quantidade máxima de alunos é reduzida para dupla ou trio. É importante que você já tenha ensinado o conteúdo de números racionais aos alunos e aplicado exercícios.

Número romano secreto

6º ano
Assunto: Números romanos e desigualdade.
Tempo: 10 minutos.
Recursos: Papel, caneta ou lápis.

Passo a passo

Você já pensou na possibilidade de revisar o conteúdo ensinado de números romanos e ainda introduzir o conceito de desigualdades; ambos estudados no 6º ano?

Claro que você, como professor(a) da turma, precisa adequar o desafio do jogo ao conhecimento dela, decidindo se a grandeza dos números será na casa da unidade, da dezena, da centena, do milhar etc.

Exemplo de como jogar

Neste jogo os alunos podem ser divididos em duplas, trios ou quartetos. Antes de formarem os grupos, peça para que escrevam cinco números romanos aleatórios – um em cada pedaço de papel –, e que sejam distantes um do outro; por exemplo: V, C, XCVIII, MCMLII. A ideia é ter opções para a disputa com o(s) colega(s). É importantíssimo fazer uso de estratégia, pois na hora do palpite, o número romano maior ou menor do que o do colega é que determinará o ganhador.

Informe aos alunos que, após definirem com quem irão competir – seja dupla, trio ou quarteto –, façam cinco rodadas, uma para cada papel. Eles têm a liberdade de usar ou não os cinco papéis com os números escritos, pois é uma estratégia; se determinado aluno quiser manter o mesmo número para as partidas seguintes não há problema, desde que os adversários não saibam disso até o momento de abrir a mão.

Uma rodada é encerrada quando todos estendem as mãos ainda fechadas e cada um diz se o número escrito em seu papel é maior ou menor do que o de determinado colega. Ao abrirem a mão é constatado o ganhador. Em caso de empate faz-se uma nova rodada entre os alunos envolvidos.

Após cinco rodadas em cada equipe, os vencedores se enfrentam para definir o ganhador da turma. Os demais alunos podem continuar brincando entre si. Você poderá determinar mais uma rodada entre todos os alunos, modificando as duplas ou os grupos iniciais.

Indo além

Você pode colocar os papéis com os números em uma sacola não transparente. Os alunos colocam, ao mesmo tempo, a mão dentro da sacola. Ao ler o número no papel retirado, o aluno precisa dar um palpite, dizendo se o seu número é maior ou menor do que o do colega. Vence quem acertar o palpite.

Jogar bolinha de papel

7º ano
Assunto: Expressões numéricas e números inteiros.
Tempo: 30 minutos.
Recursos: Duas caixas de papelão ou dois baldes, papel e caneta.

Passo a passo

Os alunos adoram jogar bolinha de papel na lixeira. Gostam de ver quem consegue jogar de mais longe ou acertar sem ver a lixeira. Os colegas param de fazer tudo, torcendo para que, quem arremessou, erre; assim, eles também poderão fazer sua tentativa.

Que tal usar essa animação a nosso favor nas aulas de matemática? É uma atividade na qual é possível trabalhar diversos conteúdos. Apresentamos uma proposta com foco em expressões numéricas. A ideia é que os alunos criem expressões numéricas por meio do arremesso de bolinhas de papel, contando com a sua habilidade de anos.

Dê uma folha para cada aluno ou peça que eles usem folhas de rascunho, pois apenas o verso será utilizado. Aconselhamos a utilização mínima de cinco números, um em cada folha.

Você determinará quantas expressões serão feitas no quadro, a utilização de números inteiros e/ou racionais e se terá multiplicação e/ou divisão. Antes do número o aluno deverá acrescentar o sinal de positivo ou de negativo.

Depois que uma equipe lança os papéis na caixa ou no balde, um representante da equipe adversária registra esses números no quadro, colocando um x na frente de cada um deles. Antes de acrescentar o último número coloca-se o sinal de igual e, assim, a variável x e os demais números serão igualados ao valor encontrado na última bolinha. Só a partir disso a equipe estará autorizada a resolver a equação.

Vence quem responder correta e mais rapidamente. Se ambas as equipes acertarem a equação, o tempo será o critério de desempate.

Indo além

A atividade feita em sala de aula foi um sucesso, certo?! Que tal fazer fora de sala? Na atividade externa, por falta de quadro ou lousa, os números serão escritos ou afixados nas caixas. As bolinhas de papel serão utilizadas somente para selecionar a caixa.

Você precisará de no mínimo quatro caixas de papelão iguais ou de tamanhos variados. Em cada uma delas escreva números inteiros nas quatro faces laterais.

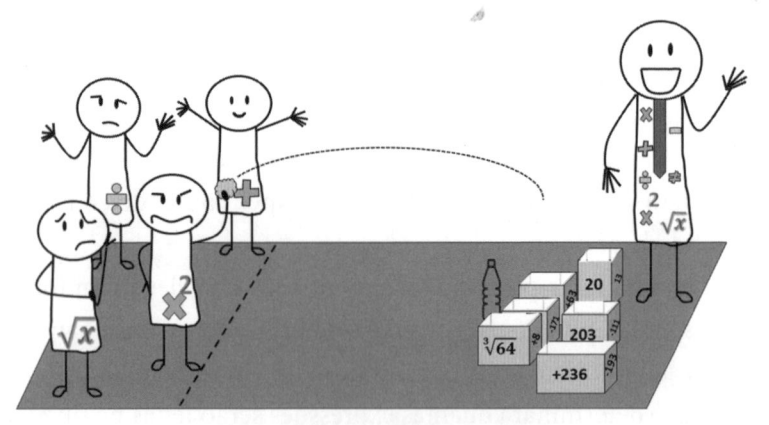

Figura 1: Jogar bolinha de papel

As rodadas serão individuais, e cada grupo terá direito a arremessar quatro bolinhas de papel. Para aumentar o nível de dificuldade sugerimos colocar uma ou mais garrafas pet vazias, de 2l, na frente das cestas. Se o(a) aluno(a) derrubá-la, perderá a vez de jogar.

Ganha quem fizer mais pontos. Para isso, além da habilidade em acertar as cestas, será preciso contar com a sorte de escolher as cestas com as maiores pontuações.

Cabe ao(à) aluno(a) fazer o somatório por meio de cálculo mental. Caso duas bolinhas caiam na mesma cesta, o aluno terá que multiplicar a pontuação.

Basquete matemático pagando mico

Do 6º ao 9º anos

Assunto: Cálculo mental.

Tempo: 50 minutos.

Recursos: Caixas de papelão, baldes ou cestas de lixo de diversos tamanhos, papel ou sacola plástica, fita adesiva e caneta.

Passo a passo

O basquetebol se popularizou no Brasil, sendo Oscar Schmidt um dos maiores atletas do país nesta modalidade esportiva. Vamos aproveitar essa popularidade para dinamizar nossas aulas?!

Com base na atividade anterior, *Jogar bolinha de papel*, o diferencial desta prática é a possibilidade de a turma e você interagirem ainda mais.

Por isso, temos o "pagando mico", além da cesta da matemática. Desta vez o aluno poderá optar em fazer as contas de matemática ou fazer algum colega pagar mico. Porém, aquele que errar a cesta da indicação – que é menor e está posicionada dentro da cesta de receber o mico – é que pagará mico.

Para esta atividade serão necessárias três cestas: a primeira será chamada de cesta da matemática; a segunda será a cesta da indicação; e a terceira, a cesta para receber o mico (será menor e ficará dentro da segunda cesta).

Os alunos podem optar, no momento do arremesso, por qual estratégia adotar: se querem acertar a cesta da matemática para resolver as contas enunciadas por você, professor(a) (podendo ganhar um prêmio, como balas ou algum brinde), ou arremessar na cesta da indicação.

O jogador precisa tomar cuidado, pois se acertar a cesta que recebe o mico – o que tem maior probabilidade de acontecer –, sua equipe tem o dever de escolher um dos micos, previamente descritos no quadro, para ele pagar.

Você pode organizar os alunos em fila, participando somente aqueles que desejarem e que estejam dispostos a pagar mico.

Para receber a recompensa, o aluno precisa fazer a conta mentalmente.

Tabuada ou tabuada romana

6º ano

Assunto: Tabuada e números romanos.

Tempo: 50 minutos.

Recursos: Dados de papel planificado, tesoura, cola, caneta, caneta hidrográfica ou lápis de colorir.

Passo a passo

Em diversos jogos de tabuleiro a utilização do dado é fundamental para a jogabilidade, para movimentar o número de casas etc. Na tabuada romana os alunos constroem seus próprios dados, sem precisar obedecer ao padrão de um dado comum, no qual as faces são numeradas de 1 a 6 e a soma dos lados opostos é igual a 7.

Você entrega para cada aluno uma folha com o dado em branco planificado; o ideal é que seja papel-cartão. Nesse primeiro momento os alunos são livres para customizar o dado. Você poderá escolher se irá trabalhar apenas a tabuada ou a tabuada romana, pedindo aos alunos para que escrevam os números em romano ou não. Ele(a) aproveitará esse momento para preparar o sorteio com os nomes dos alunos.

Você poderá organizar a turma em sala de aula ou em área externa. Cada aluno sorteia o nome da pessoa que irá desafiar; se retirar seu próprio nome, esse aluno fará uma rodada-teste junto com você, professor(a). O ideal é que os alunos sejam organizados em círculo ou semicírculo, para que todos possam ver e serem vistos.

Para começar, podem ser feitos desafios em duplas; os alunos que perdem a disputa são convidados a continuar até acertar. Então, o aluno que perdeu diz o nome de quem tirou no sorteio; caso essa pessoa já tenha jogado, poderá escolher livremente outra pessoa.

Após todos os alunos da turma terem se desafiado, você poderá aumentar o nível da disputa colocando três ou mais dados para serem jogados simultaneamente para multiplicação, podendo fazer uso de lápis e papel para os cálculos – é importante reforçar a prática do cálculo mental, dependendo da turma.

Talvez, para esse caso, possa ser utilizada a adição ao invés da multiplicação. Se a turma for grande, disponibilizar cinco ou seis dados para serem lançados ao mesmo tempo, constatando quem soma mentalmente mais rápido. Os dedos também poderão ser utilizados para auxiliar no cálculo. O importante é chegar mais rápido ao resultado e se divertir ao longo do processo.

Indo além

Considere a possibilidade de integrar os alunos do 7º ao 9º anos como uma forma de revisar os números romanos.

Boliche matemático

Do 6º ao 8º anos

Assunto: Expressões numéricas e cálculo mental.

Tempo: 30 minutos.

Recursos: Garrafas pet, papel ou jornal e fita adesiva.

Passo a passo

O boliche é um jogo que requer habilidade e técnica. Sua origem é incerta. Há relatos de que tenha surgido antes de 5200 a.C, sendo jogado por reis, rainhas e militares como diversão após uma batalha. No boliche matemático os jogadores também necessitam de uma pitada de sorte. A ideia do jogo é montar equações com as garrafas derrubadas pelos alunos; cada uma delas terá um número ou uma expressão de até três valores, de acordo com o ano e o nível da turma a ser trabalhada.

Você poderá dividir a turma em duas ou mais equipes. Cada uma delas será responsável por suas expressões escritas no papel e afixadas às garrafas (ou o papel colocado dentro delas). Inicialmente, você instrui que a equipe adversária responderá às expressões com base nas garrafas derrubadas pela outra equipe. Cada uma delas resolverá as questões em seus cadernos. Será vencedora a equipe que derrubar mais garrafas e responder corretamente às expressões em menor tempo.

Figura 2: Boliche matemático

Indo além

Por que não unir a matemática com outra área do conhecimento? Em vez de expressões, as garrafas teriam perguntas de outros conteúdos que os próprios alunos podem organizar, com base em uma revisão preparada pelo(a) professor(a) de outra disciplina.

Sala cartesiana

7º e 8º anos
Assunto: Plano cartesiano.
Tempo: 40 minutos.
Recursos: Fita adesiva colorida ou giz.

Passo a passo

O objetivo é ensinar o plano cartesiano de maneira divertida e descontraída. Para esta atividade será necessário remover as carteiras da sala para abrir espaço ou desenvolver a atividade em local amplo. Você poderá utilizar fita adesiva ou giz colorido para demarcar os eixos cartesianos, tanto do lado positivo quanto do negativo dos eixos do x (abscissas) e do y (ordenadas).

Para iniciar o jogo você poderá sortear os alunos ou perguntar quem gostaria de começar. O primeiro indica o próximo, e assim sucessivamente.

Cada aluno pega cinco números dentro de uma sacola previamente preparada. Cada número será uma coordenada do eixo x ou y. O aluno escolhe o colega com quem irá formar um par. Ambos saem da origem do plano cartesiano, ou seja, par ordenado (0,0), e vão em direção ao número sorteado em cima do eixo.

Após cada aluno chegar ao seu número, devem se encontrar. Quem está sobre o eixo x andará em direção paralela ao eixo y, e quem está sobre o eixo y andará em direção paralela ao eixo x. O ponto de encontro dos alunos é a coordenação desejada.

Figura 3: Sala cartesiana

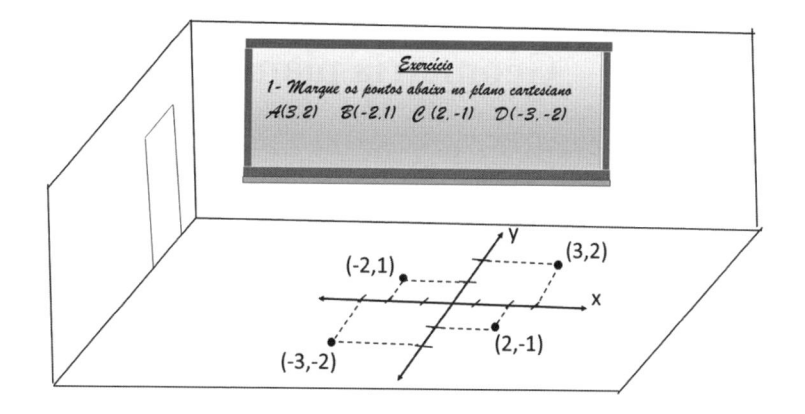

Após o primeiro momento da atividade, você poderá sugerir outros desafios, mostrando uma equação, e ao substituir o x ou y, pedir que os alunos digam qual seria o par ordenado encontrado.

Indo além

Para alunos de 9º ano, o(a) professor(a) também poderá apresentar equações e pedir que observem quais coordenadas fazem parte da imagem da função. Serve até para contextualizar o conteúdo, trazendo um problema que envolva sistema de equações.

Geometria plana triangular

9º ano

Assunto: Área e perímetro de formas geométricas planas.

Tempo: 50 minutos.

Recursos: Marcador de quadro branco, canudos, régua e fita adesiva.

Passo a passo

A geometria é um conteúdo que assusta muitos alunos, e a falta de visualização dificulta ainda mais o processo de ensino-aprendizagem. Quando pensamos em figuras planas e, ainda mais, na inserção dos elementos que constituem essas formas – como lados, vértices e diagonais –, isso gera mais confusão nos alunos.

A ideia é reforçar conceitos geométricos de uma maneira lúdica, com a construção de figuras planas – como quadrado, retângulo, trapézio – por meio de triângulos, facilitando a compreensão desses conceitos, tais como perímetro e área.

Para isso será necessário combinar os três tipos de triângulo: equilátero, isósceles e escaleno. É possível representar a maioria das formas planas regulares por meio de triângulos, com exceção da circunferência.

Esta dinâmica será dividida em dois momentos, sendo o primeiro de construção e o segundo de verificação.

O ideal é iniciar o conteúdo com a turma antes deste jogo, para que os alunos, pelo menos, recordem os nomes das formas geométricas planas. Isto porque nesta atividade será demonstrada, de forma prática, o surgimento das fórmulas de algumas áreas planas.

Primeiramente desenhe no quadro as formas geométricas planas, na seguinte ordem: quadrado, retângulo, trapézio, losango. Antes da decomposição em forma de triângulos, os alunos irão construir essas formas com canudos. A seguir, insira no quadro os triângulos nessas formas geométricas, demonstrando de onde vem a fórmula de área de cada uma dessas formas geométricas. Isso facilitará o entendimento dos alunos e evitará o processo de memorização sem uma compreensão mais abrangente.

Peça aos alunos para que reproduzam o que foi feito no quadro usando canudos, encaixando os triângulos dentro das formas geométricas.

No segundo momento da dinâmica os alunos se organizam em dupla, trio ou quarteto para calcularem a área e o perímetro das formas geométricas construídas com os canudos, e também compararem com o resultado encontrado a área das formas geométricas e os respectivos triângulos. As figuras a seguir representam todas essas atividades.

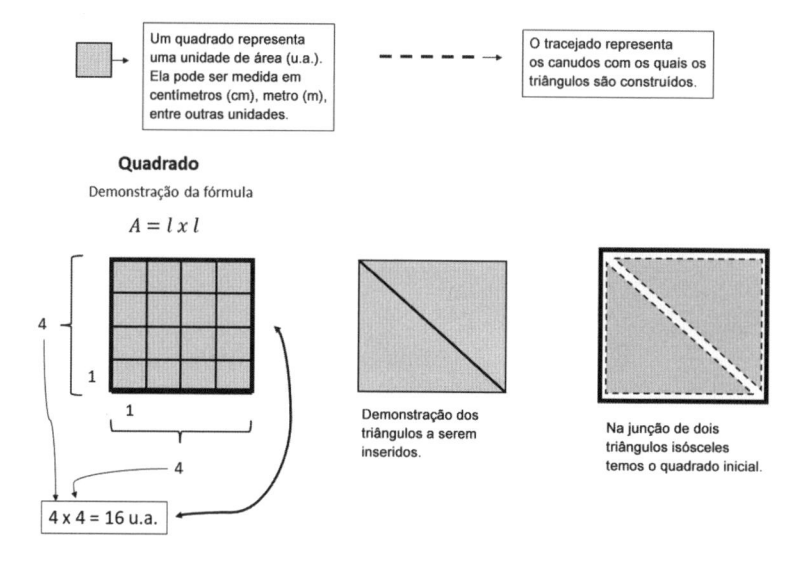

Figura 4: Geometria plana por triângulos (quadrado)

Retângulo

Demonstração da fórmula

$$A = b \times h$$

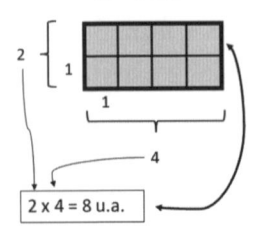
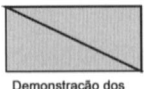
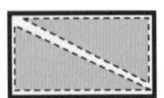

Demonstração dos triângulos a serem inseridos.

Na junção de dois triângulos isósceles temos o quadrado inicial.

$2 \times 4 = 8$ u.a.

Figura 5: Geometria plana por triângulos (retângulo)

Triângulo

Demonstração da fórmula

$$A = \frac{b \times h}{2}$$

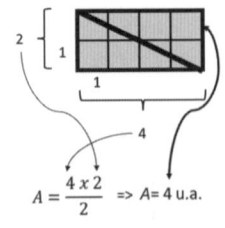

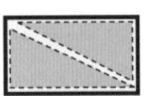

Demonstração dos triângulos a serem inseridos.

Na junção de dois triângulos isósceles temos o quadrado inicial.

$$A = \frac{4 \times 2}{2} \Rightarrow A = 4 \text{ u.a.}$$

Área do $retângulo = b \times h$
Porém, o triâgulo é a metade da área; por isso dividimos por 2. Logo:

$$\text{Área do triângulo} = \frac{b \times h}{2}$$

Figura 6: Geometria plana por triângulos (triângulo)

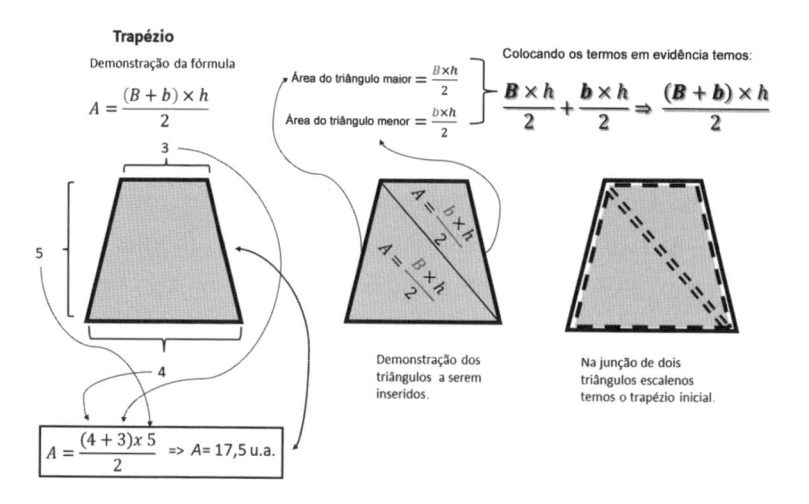

Figura 7: Geometria plana por triângulos (trapézio)

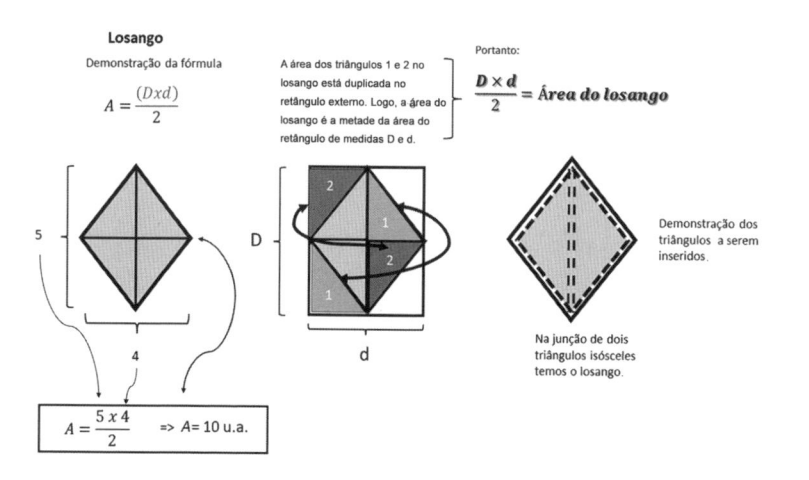

Figura 8: Geometria plana por triângulos (losango)

Indo além

Com base nesta atividade, por que não introduzir os conteúdos de área e perímetro de polígonos que não sejam apenas triângulos e quadriláteros? Exemplos: pentágono (5 lados), hexágono (6 lados), heptágono (7 lados), octógono (8 lados).

Para isso, os procedimentos seriam os mesmos; isto é, utilizando apenas triângulos. Porém, ao invés de combinar dois ou três triângulos diferentes, agrupar triângulos iguais, atentando para o ângulo de um dos vértices do triângulo (aqui chamaremos de vértice a) na hora de montá-lo com os canudos; aquele que se encontra no centro do polígono. Para isso precisaremos de transferidor.

Observe as ilustrações contidas na figura abaixo para o hexágono.

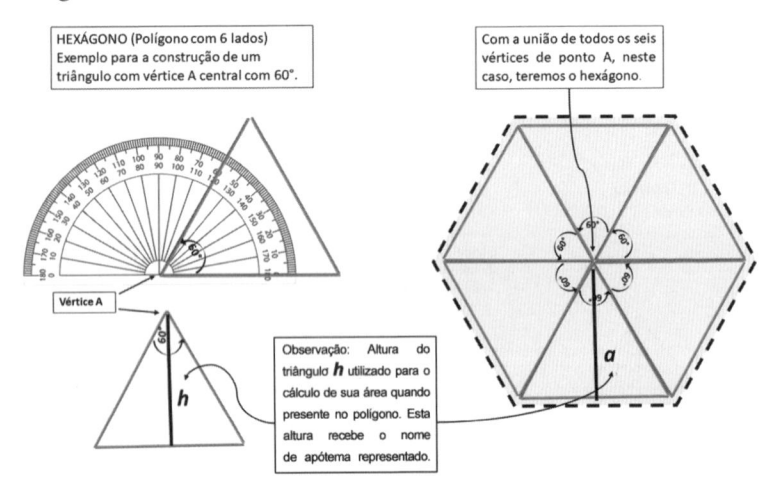

Figura 9: Geometria plana por triângulos (hexágono)

A ideia é fazer os mesmos procedimentos para os demais polígonos. Para saber qual é o ângulo do vértice a na hora de usar o transferidor, basta dividir 360°, uma volta completa, pelo número de lados. Por exemplo: em relação ao hexágono (6 lados) divide-se 360° por 6, que é igual a 60°.

Geometria espacial com canudos

8º e 9º anos
Assunto: Área e volume de formas geométricas espaciais e Relação de Euler.
Tempo: 50 minutos.
Recursos: Marcador de quadro branco, canudos, tesoura, régua e massinha de modelar.

Passo a passo

Para o estudo de geometria espacial é fundamental que o aluno já tenha o domínio do conteúdo de geometria plana (caso não tenha feito a atividade anterior de geometria triangular, agora seria uma boa oportunidade). Assumindo que os alunos já têm domínio do conteúdo de formas geométricas planas, iniciaremos esta atividade.

O procedimento é parecido com a atividade anterior de geometria plana; porém, não iremos inserir os triângulos nas formas planas.

Vá ao quadro e desenhe as formas espaciais: cubo, paralelepípedo, prisma de base triangular, entre outros prismas de bases variadas que deseja trabalhar com a turma.

No primeiro momento deixe os alunos serem desafiados por eles mesmos, na tentativa de montar os sólidos com massinha de modelar e cortando com a tesoura os canudos em tamanhos variados. Sozinhos, apenas visualizando o desenho no quadro, cada um poderá experienciar seu grau de dificuldade.

Observe e peça aos alunos com mais desenvoltura para ajudarem os colegas com dificuldades. A ideia é fomentar o trabalho colaborativo entre todos, valorizando o potencial de cada aluno.

Após montar os sólidos com os alunos, peça para que calculem o perímetro: a área dos sólidos montados. Você poderá aproveitar a ocasião para ensinar ou revisar o conteúdo de Relação de Euler. Depois de manipularem a massinha, os alunos serão capazes de identificar com facilidade os vértices dos sólidos; os canudos servem como arestas e as faces são as formas planas presentes nos sólidos.

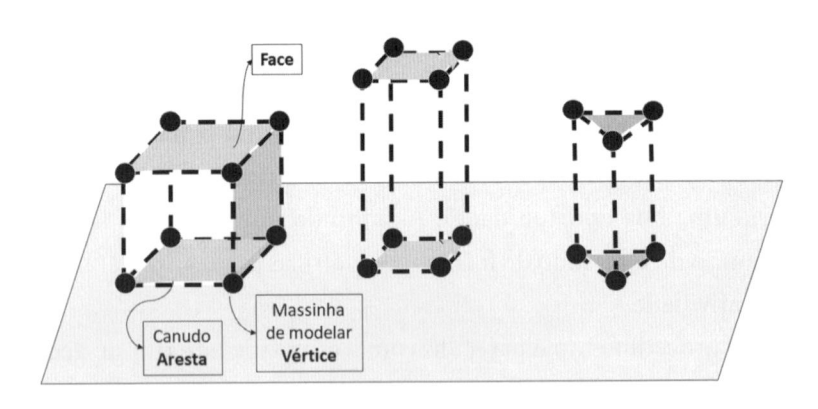

Figura 10: Geometria espacial com canudos (vértices, arestas e face)

Indo além

Vamos aproveitar a estratégia realizada na atividade de geometria triangular e os sólidos geométricos feitos pelos alunos, utilizando massinha de modelar com canudos, para trabalhar o conceito de diagonal em sólidos geométricos e o Teorema de Pitágoras.

Para isso, peça aos alunos para que unam os vértices de uma das faces dos sólidos não adjacentes; ou seja, formando as diagonais. E, em faces que sejam quadriláteras, apresente o Teorema de Pitágoras, no qual a soma dos quadrados dos catetos é sempre igual ao quadrado da hipotenusa.

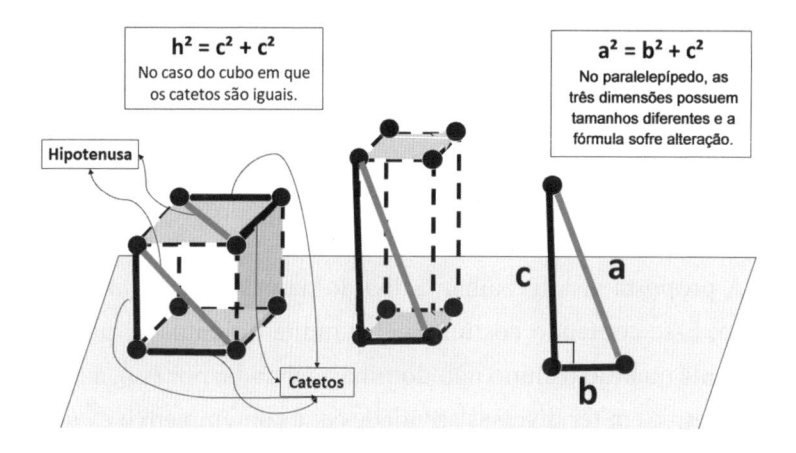

Figura 11: Geometria espacial com canudos (Teorema de Pitágoras)

Divisão no barbante

6º e 7º anos

Assunto: Divisão de números naturais, frações e números decimais.

Tempo: 10 minutos.

Recursos: Barbante e régua.

Passo a passo

A proposta visa trabalhar a divisão na prática e de maneira lúdica. Esse conteúdo costuma gerar muita dificuldade, principalmente quando o aluno não domina a tabuada; por isso, a nossa iniciativa em ter diversas atividades que contemplem o estudo da tabuada.

Esta atividade poderá ser realizada de forma coletiva (duplas, trios ou pequenos grupos) ou individual. Entregue a cada aluno ou às equipes um pedaço de barbante de no máximo 1m. Os alunos/as equipes poderão decidir pelo tamanho do barbante; isso possibilita valores diferenciados para cada aluno/equipe.

Primeiramente, o aluno/a equipe precisa medir com régua o tamanho do barbante. Após essa etapa, você poderá ditar o número para que todos dividam os seus barbantes ou colocar os números a serem utilizados na divisão para sorteio, em uma sacola ou caixa. O número pode ser igual para todos ou diferente para cada aluno/grupo.

Adeque a atividade com base no nível da turma. Talvez seja necessário repetir a atividade em outro momento, aumentando o nível de dificuldade, sejam nas adequações sugeridas aqui ou até mesmo trocando os conjuntos numéricos a serem trabalhados no divisor das operações, como os números decimais.

Indo além

Que tal, em vez de barbante, utilizar partes do corpo como braço, pernas, tronco, distância entre os braços abertos, passadas e até a altura dos alunos, fazendo comparações com essas medidas para padrão de medidas, como acontece em unidades no sistema de medidas americano jardas?

Balança justa

6º e 7º anos

Assunto: Equação do primeiro grau.

Tempo: 30 minutos.

Recursos: Barbante, garrafa pet pequena, folha de caderno, cola, tesoura, régua, pedrinhas decorativas (utilizadas em aquário e ornamentação) ou feijão.

Passo a passo

A equação do primeiro grau é um conteúdo importantíssimo; assim como as quatro operações, é imprescindível para o estudo da matemática. Se a álgebra for ensinada apenas por mecanização, sem o conceito que está por trás dela, gera muito descontentamento e trauma nos alunos.

A proposta desta atividade é o ensino da equação de forma prática, com base em seu conceito. Assim, o processo de mecanização para resolver a equação se torna mais compreensível e natural.

Vamos montar a balança?

Divida os alunos em duplas, trios ou quartetos. A haste da balança será uma régua (de, no mínimo, 20cm); o fio de sustentação, um pedaço de barbante; os pratos, dois fundos de garrafa pet pequena (com dois a quatro dedos de altura). Também podem ser utilizadas folhas de caderno, enrolando-as em forma de cilindro e colando o fundo com o resto da folha de papel. Depois, basta prender dois pedaços de barbante às extremidades da haste e aos pratos. Se os pratos forem feitos de garrafa pet, talvez os alunos necessitem de sua ajuda em sua furação, para prender os pedaços de barbante.

Com a balança montada, entregue as pedrinhas para os alunos; de 20 a 30 por balança. Depois podem ser acrescentadas mais pedras.

Antes de as equipes usarem as pedrinhas é importante pedir que elas calibrem a balança. Para isso basta marcarem na régua a posição em que o dedo indicador ficará esticado e na qual a balança ficará em equilíbrio; ou seja, posição inicial de uma equação do primeiro grau (não vamos entrar no conceito de erro de precisão da balança, pois trata-se de uma turma de 6º ou 7º ano).

Agora podemos usar a nossa balança. Você irá montar as equações no quadro, tendo em mente que precisará utilizar os materiais presentes no estojo dos alunos, como borracha, caneta, lápis, tesoura... como valores para comparar com as pedrinhas na balança na hora de montar as equações. Para começar, você dará um exemplo da atividade: pegando uma das balanças, colocará uma borracha em um dos pratos e certo número de pedrinhas ou feijão no outro (mantendo o equilíbrio), comparando a quantidade e explicando que o material escolar seria a letra na equação e a quantidade de pedrinhas, os números.

É importante que você vá colocando algumas pedras ou feijões junto da borracha, e quando a balança tender para este lado, explicará que a equação não está em equilíbrio. Para que ela volte à posição equilibrada será preciso adicionar a mesma quantidade de pedrinhas ou feijões no outro lado.

Em seguida, peça aos alunos para que façam o mesmo, e cada equipe diga em voz alta qual o valor da sua borracha na forma de pedrinhas/feijões.

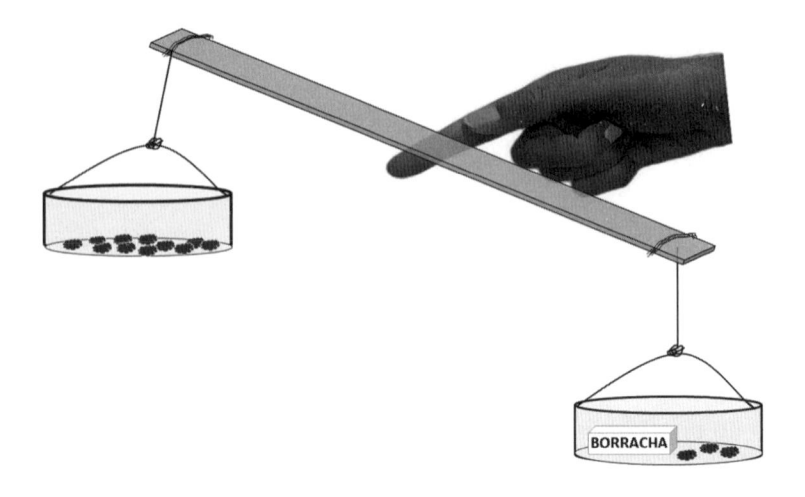

Figura 12: Balança justa

A ideia é exercitar o conceito. Se os alunos quiserem fazer comparações com outros objetos, não interfira, pois a atividade foi pensada para eles aprenderem se divertindo.

Indo além

Podemos trabalhar o conceito de estimativa depois que os alunos entenderam o modo de usar a balança. Basta depositar os dois pratos (fundo das garrafas pet) sobre a mesa e colocar material escolar dentro de um deles. Depois, peça que eles coloquem no outro prato pedras ou feijões na quantidade necessária para que seja mantido o equilíbrio. Depois, basta erguer a balança para a verificação e os ajustes; colocando ou tirando as pedrinhas ou os feijões.

Jogo da Vovó Matemática

Do 6º ao 8º anos
Assunto: Tabuada.
Tempo: 25 minutos.
Recursos: Papel e canetas coloridas.

Passo a passo

Todo mundo já brincou de jogo da velha, e há alunos que são fera quando disputam com colegas, pessoas mais experientes e familiares. A proposta é utilizar esse jogo para trabalhar a tabuada com números de duas ou mais casas decimais.

Organize a turma em duplas para se enfrentarem, entregando uma folha de papel para cada uma delas. Informe-lhes que irão se enfrentar onze vezes e que cada aluno deve jogar com uma caneta de cor diferente.

Quem vencer a disputa jogará com o vencedor mais próximo. Estes disputarão outras onze vezes, e assim sucessivamente, até a última disputa, que será feita no quadro para determinar o primeiro e o segundo colocados.

Os alunos que forem derrotados poderão enfrentar para determinar o terceiro colocado, sendo que a disputa final também será feita no quadro antes da disputa dos dois primeiros colocados.

Você talvez esteja se perguntando: Mas, o que isso tem a ver com matemática? Calma. Até agora só falamos do jogo da velha.

Antes de iniciarem a parte da matemática, simule com os alunos uma rodada. Vamos lá! Eles não utilizarão os famosos marcadores X e O. No lugar deles, farão uso de algarismos, de 1 a 9; sendo que não poderão repetir nenhum deles durante a rodada. Por isso a caneta de cor diferente, para saber quem marcou o quê.

Na primeira escolha de cada estudante não há necessidade de fazer cálculos, até porque iremos precisar de dois números para começar a multiplicação.

Eles terão de 5 a 10 segundos para responder à multiplicação. Você poderá determinar o tempo, de acordo com o nível da turma. Quem conta esse tempo é o próprio adversário, e o faz de maneira silenciosa, usando os dedos das mãos, de modo que o oponente possa ver a contagem enquanto faz a conta.

O ideal seria fazer as contas sem o auxílio de caderno, até para trabalhar o cálculo mental, mas fica a critério de cada professor(a).

Se o aluno que estiver fazendo as contas não concretizá-la no tempo estipulado, perderá a vez, e o colega que estava contando tem a chance de pontuar, desde que faça a conta corretamente e dentro do prazo.

A figura abaixo ilustra como ficam as rodadas:

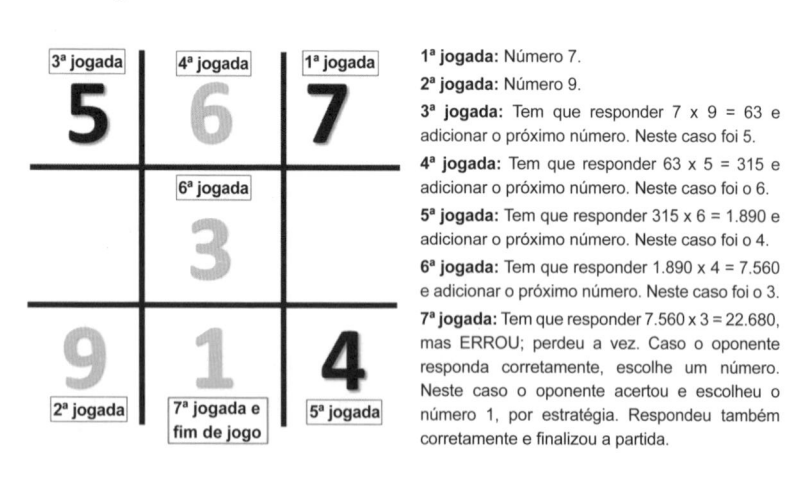

1ª jogada: Número 7.

2ª jogada: Número 9.

3ª jogada: Tem que responder 7 x 9 = 63 e adicionar o próximo número. Neste caso foi 5.

4ª jogada: Tem que responder 63 x 5 = 315 e adicionar o próximo número. Neste caso foi o 6.

5ª jogada: Tem que responder 315 x 6 = 1.890 e adicionar o próximo número. Neste caso foi o 4.

6ª jogada: Tem que responder 1.890 x 4 = 7.560 e adicionar o próximo número. Neste caso foi o 3.

7ª jogada: Tem que responder 7.560 x 3 = 22.680, mas ERROU; perdeu a vez. Caso o oponente responda corretamente, escolhe um número. Neste caso o oponente acertou e escolheu o número 1, por estratégia. Respondeu também corretamente e finalizou a partida.

Figura 13: Jogo da Vovó Matemática

Indo além

Jogar com números inteiros para revisar as regras de sinais e colocar números maiores; por exemplo, com duas e três casas decimais. Porém, trabalhar também a soma e a subtração.

Copo de frações musical

Do 6° ao 9° anos
Assunto: Frações, medidas de capacidade e sequência.
Tempo: 20 minutos.
Recursos: Sete copos de vidro iguais, água, colher de metal e corante alimentício (opcional).

Matemática e música andam lado a lado, seja nas notas musicais, no ritmo, na leitura de uma partitura etc. Por que não tornar isso mais evidente e utilizar nas aulas de Matemática? Isso poderá ser feito no estudo de frações, capacidade, área e volume.

Você pode estar se questionando, pois talvez não saiba nada sobre música. Mas, como professor(a) de Matemática, sabe sobre frações, volume e sequências. É apenas disso que irá precisar. Mas se souber um pouco sobre leitura musical irá potencializar ainda mais a sua atividade.

Deixo a dica de desenvolver esta atividade com outro(a) professor(a) que saiba um pouco mais sobre música ou leitura musical.

Passo a passo

Para essa dinâmica, precisaremos de 7 copos de vidros iguais e com água em quantidades diferentes, para representar as escalas musicais Dó, Ré, Mi, Fá, Sol, Lá e Si.

A ideia é construir quase um xilofone (do grego *xylon* – madeira, e *phone* – som). Só que não vamos utilizar madeira ou metal para compor o instrumento. No nosso xilofone caseiro utilizaremos copos de vidro e água. Para fazer as escalas musicais podemos começar com a nota central Fá como nosso padrão de medida, usando um copo com 200ml. As demais notas serão frações proporções dessa quantidade.

A distribuição de água nos copos será esta:

Copo 1 – Nota Dó: 7/4 da quantidade do copo Fá; ou seja, 350ml de água.

Copo 2 – Nota Ré: 3/2 da quantidade do copo Fá; ou seja, 300ml de água.

Copo 3 – Nota Mi: 5/4 da quantidade do copo Fá; ou seja, 250ml de água.

Copo 4 – Nota Fá: quantidade de referência; ou seja, 200ml de água.

Copo 5 – Nota Sol: 3/4 da quantidade do copo Fá; ou seja, 150ml de água.

Copo 6 – Nota Lá: 1/2 da quantidade do copo Fá; ou seja, 100ml de água.

Copo 7 – Nota Si: 1/4 da quantidade do copo Fá; ou seja, 50ml de água.

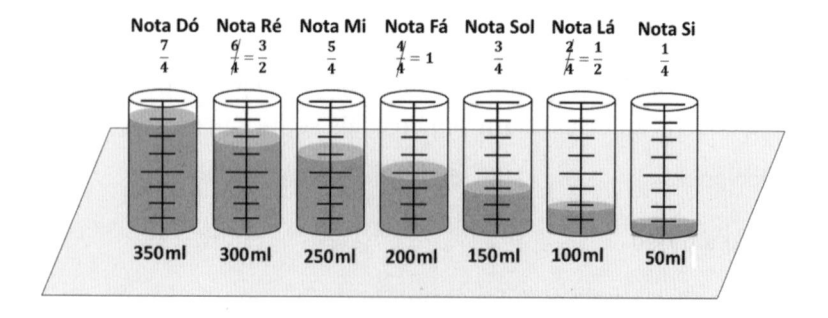

Figura 14: Copo de frações

Na hora de montar o xilofone com as quantidades definidas pelas frações seria um ótimo momento para revisar conteúdos como operações com frações, medidas de capacidade e volume.

Mas a proposta vai além da revisão desses conteúdos. Nosso objetivo aqui é trabalhar também a memória e a concentração dos alunos, sem contar com o conteúdo de sequência, pois você tem a possibilidade de criar sequências e pedir aos alunos para que a repitam, e até mesmo o trecho de uma música; seja popular ou folclórica.

A ideia é se divertir e aprender brincando; trabalhar a percepção auditiva pedindo para que os alunos memorizem o som com os olhos fechados, tentando descobrir quais copos foram tocados pela colher e até mesmo as sequências feitas.

Indo além

Uma outra oportunidade é trabalhar operações matemáticas numerando os copos e, ao emitir o som, dizer a soma ou a multiplicação realizada no toque de um som após o outro e até três copos em sequência e o aluno precisa descobrir quais números ou notas musicais foram tocadas.

Porcentagem nas mãos

Do 6° ao 9° anos
Assunto: Porcentagem.
Tempo: 10 minutos.
Recursos: Caneta ou giz e as mãos.

A porcentagem está presente no cotidiano dos alunos, nas promoções em loja, nos anúncios de TV, nas propagandas, nas redes sociais, nas informações em jornais e revistas etc. Não seria interessante o aluno fazer este tipo de cálculo sem utilizar a calculadora ou a famosa regra de três?

Com isso não estamos querendo dizer que a utilização da regra de três não seja importante, mas nem sempre dispomos de papel e caneta para fazê-la. Nesta atividade queremos incentivar os alunos a aprenderem a fazer esses cálculos apenas com a ajuda dos dedos e, posteriormente, utilizarem apenas o cálculo mental.

Passo a passo

Esta atividade, embora não seja um jogo em si, pode ser um momento de diversão, especialmente se você pedir aos alunos para que se desafiem, perguntando porcentagem de números previamente selecionados em uma sacola, caixa ou outro recipiente.

Podem ser feitas perguntas para se encontrar o valor de uma porcentagem (p. ex.: quanto são 12,5% de R$ 30,00?) ou para completar determinado processo (p. ex.: R$ 24,00 são 20% de que valor?).

É importante que o aluno já tenha estudado sobre o conteúdo de porcentagem, pois esta estratégia visa facilitar a obtenção das respostas apenas com o cálculo mental. O educando precisa estar familiarizado com o conceito de movimentar a vírgula entre as casas do milhar, da centena, da dezena e da unidade (o que é ensinado antes do 6º ano). Obviamente, ele pode usar os dedos.

Apresente as mãos para a turma, atribuindo-lhes um valor. Explique que cada mão representa 50%; logo, as duas equivalem a 100% do valor. Aconselhamos um valor par e na casa das dezenas, para facilitar as primeiras contas, como R$ 50,00 ou R$ 80,00. Diga-lhes que irão trabalhar a tabuada desses números. Para exemplificar, utilizaremos as duas mãos, custando R$ 80,00; logo, vamos utilizar a tabuada do número 8, de 1 até 10 {8, 16, 24... 80}, sendo que cada dedo representa um número, de 1 a 10. Em relação à porcentagem, cada dedo representa 10% do valor e custa R$ 8,00. Assim, uma mão equivale a 50% e em dinheiro a R$ 40,00. Veja o exemplo na figura abaixo.

Figura 15: Porcentagem das mãos / 50% + 50%

Após os alunos dominarem a porcentagem com esses valores, pode-se perguntar 25% de R$ 80,00; ou seja, dois dedos levantados e o terceiro dedo dobrado. Cada metade de dedo vale a metade de R$ 8,00; portanto, 25% de R$ 80,00 seria igual R$ 8,00 + R$ 8,00 + R$ 4,00, totalizando R$ 20,00 reais; ou 75%, que acrescentaria mais uma mão, pois temos 50% + 25%. Em dinheiro R$ 40,00 + R$ 20,00. Vamos ver o exemplo de 75% na figura abaixo.

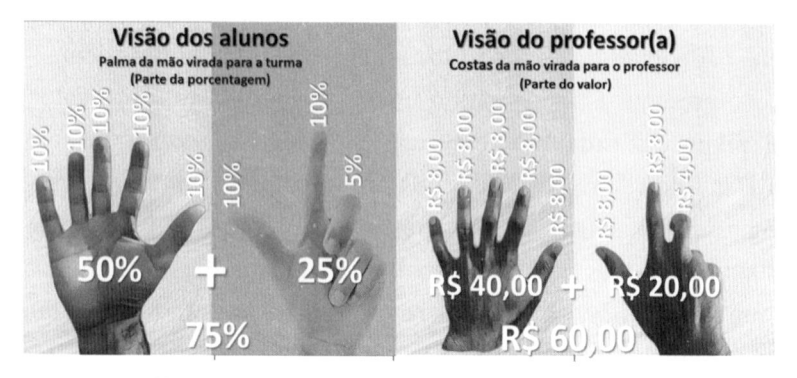

Figura 16: Porcentagem nas mãos / 50% + 25%

Indo além

Depois de trabalhar com as porcentagens na casa das unidades com zero e cinco, como 20%, 25%, 30% e 35%, entre outros, trabalhe com porcentagem que envolvam 11%, 12%, 26% e 37% e até porcentagem com vírgulas, como 12,5%, utilizando a ideia aqui apresentada, na qual cada dedo será subdividido em dez partes. Segue um exemplo para o cálculo de 37% de R$ 50,00 reais.

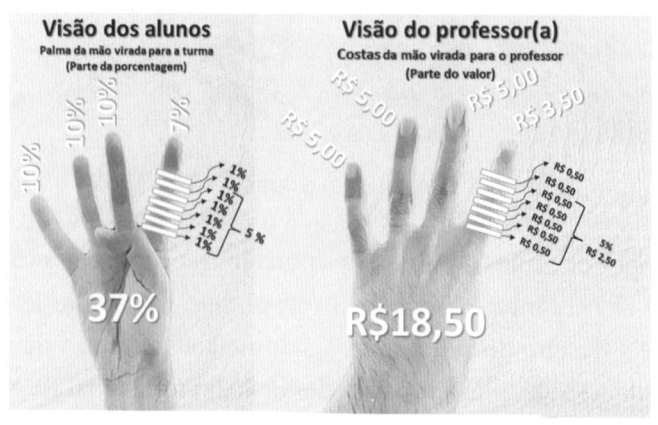

Figura 17: Porcentagem nas mãos / 37%

Bola cheia ou bola murcha

Do 6º ao 9º anos
Assunto: Soma, subtração, multiplicação, equações ou problemas.
Tempo: De 30 a 50 minutos.
Recursos: Bexiga de aniversário, papel e caneta.

Passo a passo

Depois de explicar um conteúdo, geralmente temos uma prova ou outra avaliação escrita para validar se os alunos entenderam o que foi explicado. Quando o aluno não atinge o resultado esperado vem outra prova; a famosa recuperação.

Será que essa dinâmica seria a mais indicada em todos os casos? Não estamos dizendo que o método avaliativo utilizado há séculos não tenha seus méritos, mas acreditamos que uma maneira de avaliar o aprendizado seja mais efetivo com momentos prazerosos, fomentando momentos mais colaborativos. (Para saber mais, leia o livro *Avaliações mais criativas*, de Solimar Silva, pela Editora Vozes.)

Então, vamos sugerir uma atividade na qual você poderá revisar conteúdo e até avaliar seus alunos de forma individual ou em grupo.

Para esta atividade você precisará de bexigas de aniversário. Dentro de cada uma delas colocará uma pergunta, tal qual faria em uma prova. Os alunos vão enchendo as bexigas, e aquele que estourar primeiro responde à pergunta que estava dentro dela. Respondendo corretamente, encherá outra bexiga. Isso permitirá que você observe o grau de desenvolvimento do aluno.

Se a atividade for feita em grupos, é possível que determinados alunos prefiram somente estourar as bexigas e outros somente responder às perguntas. Uma dica: após os momentos iniciais – caso a atividade seja feita em grupos –, peça para se dividirem em duplas, e assim será possível observar o comportamento de cada aluno. Faça um revezamento entre as duplas – um estoura o balão e o outro aluno responde –, até que você possa observar qual aluno precisa de ajuda em determinado conteúdo.

Indo além

Uma ideia seria os próprios alunos formularem as perguntas com base no conteúdo a ser revisado para uma avaliação ou um conteúdo que já foi explicado por você. Nesta modalidade, todos se desafiam por sorteio. Assim, todos colocam sua bexiga vazia com a pergunta dentro em uma caixa. Em seguida, cada um deles retira um bexiga da caixa, enchendo-a até estourar; então respondem a pergunta que estava dentro dela. Cabe a seus colegas validarem ou não a resposta. Isso reafirma o aprendizado, as conexões e solidifica a autoconfiança dos alunos.

Outra proposta é dividir a turma em um grupo de meninos e outro de meninas. Cada equipe monta as perguntas e desafia o outro grupo. O objetivo é avaliar com diversão. Cada professor(a) pode fazer adequações, conforme a sua necessidade.

Correndo para a resposta

Do 6° ao 9° anos
Assunto: Conteúdo que tenha um número como resposta e que você consiga representar no quadro, em uma tabela.
Tempo: 30 minutos.
Recursos: Quadro branco e caneta.

Passo a passo

Você já pensou em uma atividade na qual é possível trabalhar o cálculo mental e o trabalho colaborativo dentro da sala de aula? Esta proposta pode parecer simples, mas desenvolve o raciocínio lógico, levando os alunos a se divertirem no processo.

Para começar, desenhe no quadro duas ou mais tabelas, dependendo do tamanho do quadro e da quantidade de equipes; para cada equipe, uma tabela.

A tabela que será nosso alvo para as respostas dos alunos poderá ser dividida em 16 espaços com 4 linhas e 4 colunas; ou mais espaços iguais, a seu critério. Cada espaço da tabela (célula) – com um número na casa das unidades, das dezenas ou das centenas –, resulta das respostas dos alunos, por meio de cálculo mental, às perguntas feitas por você.

É importante que os números das células não fiquem na mesma posição, e que os mesmos valores constem em todas as tabelas. Assim, cada aluno precisa se concentrar na tabela de sua equipe, não sendo levado a "colar" a resposta da tabela de outra equipe, como pode ser observado na figura a seguir.

Figura 18: Correndo para a resposta

Em caso de empate será realizada uma disputa entre esses alunos. Nesse caso, sugerimos que você designe um aluno para filmar com celular, em câmera lenta, e assim fazer o tira-teima ou o famoso VAR (Video Assistant Referee). Os alunos irão adorar a ideia.

Indo além

Peça aos alunos para formularem perguntas às outras equipes, utilizando-se dos números já presentes na tabela. Ganha quem acertar primeiro.

Torre de Hanói Matemática

Do 6º ao 9º anos
Assunto: Soma, subtração, divisão e multiplicação.
Tempo: 30 minutos.
Recursos: Folhas de papel A4 e canetas coloridas.

Passo a passo

O Torre de Hanói é um jogo que estimula o raciocínio, a memória, análises e estratégias para resolução de problemas, foco; contribui para o ensino e o aprendizado de matemática; também permite trabalhar vários caminhos para chegar ao mesmo resultado e com níveis de dificuldades diferentes, como um quebra-cabeça.

O jogo é composto por uma base com três pinos, nos quais os discos, de diâmetros diferentes, são encaixados e movimentados. O jogo começa com três discos e vai aumentando o nível de dificuldade, com o acréscimo de outros discos.

Como se joga?

Primeiramente precisamos entender o objetivo do jogo, que é mover todos os discos da torre do lado esquerdo para o lado direito, e para isso deve-se obedecer a duas regras: a primeira é mover um disco por vez; a segunda é que um disco de diâmetro maior não pode ficar em cima de um disco de diâmetro menor.

No Jogo Torre de Hanói Matemática, a base é substituída por uma folha de papel A4, e os pinos são quadrados desenhados com lados maiores do que o maior disco a ser utilizado no jogo. Os discos são pedaços de papel quadrados e com tamanhos diferentes.

Aconselhamos a trabalhar primeiramente só o jogo, sem o envolvimento da matemática. Isso facilita o processo.

Depois que os alunos jogarem e se divertirem bastante, é hora de colocar a matemática. Assim, peça aos alunos para escreverem números nos discos, começando com 2. Como a ideia aqui é somar, subtrair, multiplicar ou dividir, a operação matemática utilizada fica a cargo de você, professor(a). Para ilustrar, vamos adotar a multiplicação; assim, cada vez que o aluno mover um disco (quadrado de papel) para um dos quadrados desenhados na folha de papel, ele precisa resolver a multiplicação.

Veja o exemplo de uma partida abaixo com o número de movimento mínimo de peças, que são sete.

Os três quadrados numerados 2, 3 e 4, são posicionados um em cima do outro. Para cada movimento é preciso fazer a multiplicação com o resultado da operação anterior. Veja as imagens nas figuras a seguir.

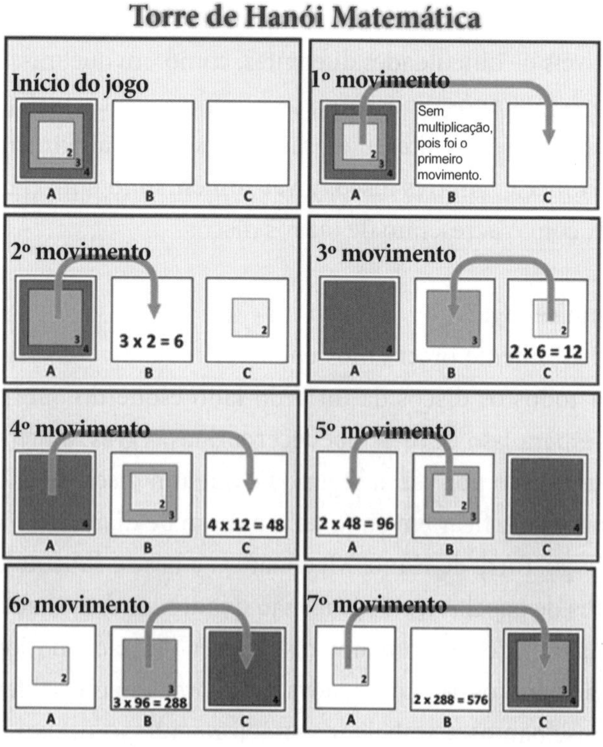

Figura 19: Torre de Hanói Matemática

Torre de Hanói Matemática

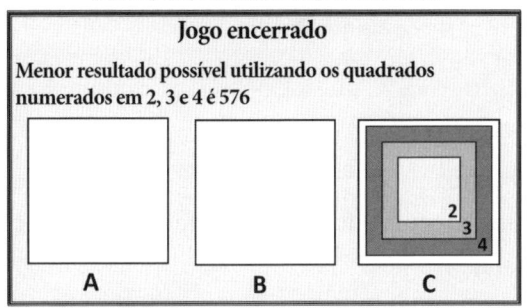

Figura 20: Torre de Hanói Matemática – Jogo encerrado

Com esta proposta, você conseguirá revisar conceitos já ensinados como tabuada e cálculo mental, e ainda motivar os alunos para o estudo de matemática.

Indo além

Que tal, depois da atividade ter sido realizada, e se você observar o entusiasmo dos alunos, pedir para a sua turma ensinar o Jogo Torre de Hanói para outras turmas da escola, como uma oficina no horário do intervalo ou em uma outra turma que você atue na escola; e até mesmo em casa, com seus familiares.

A ideia é que a atividade seja propagada. A proposta é que os alunos se divirtam e fortaleçam a interação uns com os outros, tendo uma relação positiva com a matemática.

Quadrado matemágico

Do 6° ao 9° anos

Assunto: Soma, multiplicação, áreas de polígonos, potenciação e raiz quadrada.

Tempo: De 30 a 50 minutos.

Recursos: Folha de papel A4, régua, caneta e lápis.

Passo a passo

Nesta atividade você instiga seus alunos com um quebra-cabeça, no qual vence quem soma com mais rapidez. Também é possível trabalhar conteúdos como área de polígonos, potenciação e até raiz quadrada.

Para montar este jogo peça aos alunos para fazerem a caneta um quadrado de 15cm x 15cm em uma folha de papel A4 e depois dividam esse quadrado em outros nove quadrados iguais, com ajuda de régua; ou seja, cada um dos nove quadrados menores terá as dimensões de 5cm x 5cm.

Para executar o quebra-cabeça o aluno precisa usar, sem repetir, os números de 1 a 9, preenchendo os nove quadrados. Vencerá aquele que obtiver a soma de 15 em todas as direções (horizontal, vertical e diagonais) e em menor tempo.

Peça aos alunos para utilizarem lápis para que possam apagar as tentativas de resolução. No início, eles terão dificuldades. Caso ninguém consiga, dê uma dica: coloque o número 5 no quadro do centro e aguarde eles resolverem. Se mesmo com essa dica eles não conseguirem, dê outra dica: informe que os números pares deverão ficar nos cantos. Aí, é só questão de tempo para que tenhamos um vencedor. O interessante é que há mais de uma maneira de obter o resultado, por conta da disposição dos números, como mostra a figura a seguir.

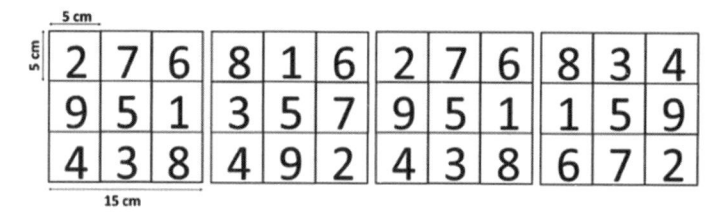

Figura 21: Quadrado matemágico – Múltiplas possibilidades de resposta

É importante destacar que, independentemente da sequência obtida, a soma deverá ser 15, como mostra o modelo abaixo:

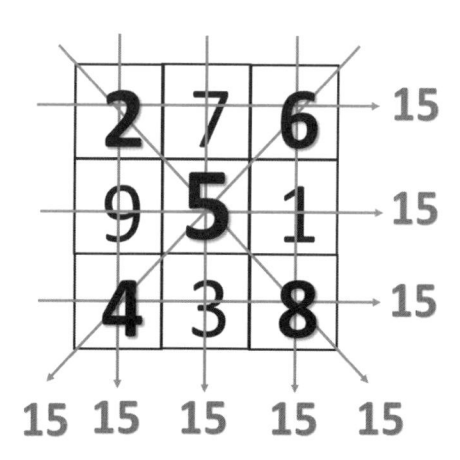

Figura 22: Quadrado matemágico – Resultado igual em todas as direções

Para os conteúdos de área de polígonos como o quadrado, o retângulo e o triângulo, e para a potenciação e raiz quadrada, os alunos precisarão dividir os quadrados menores (de 5cm x 5cm, desenhados a caneta), só que a lápis, com ajuda de uma régua.

Vamos separar os conteúdos em dois tópicos: o primeiro para o cálculo de áreas de polígonos e o segundo para a potenciação e raiz quadrada.

Cálculo de área de polígonos (quadrado, retângulo e triângulo)

Para o cálculo de área vamos utilizar a mesma ideia do papel quadriculado/milimetrado. Para começar, os alunos precisam ter desenhado ou aproveitado do exercício anterior o quadro inicial desenhado a caneta, no tamanho 15cm x 15cm e dividido em três partes iguais, na horizontal e na vertical. Depois desta etapa irão dividir os quadrados menores de 5cm x 5cm ao meio, tanto na horizontal quanto na vertical; assim, teremos um total de 36 quadrados com lados iguais de 2,5cm.

Você pode explicar que cada novo quadrado no papel representa uma unidade de área (u.a.) de 2,5cm x 2,5cm, e que a área do quadrado pode ser obtida sem a necessidade de contar um por um, mas multiplicando a quantidade de quadrados na coluna (posição vertical) pela quantidade de quadrados na linha (posição horizontal); no caso, 6 x 6 = 36.

Para saber a área total em centímetros quadrados mostre que há duas maneiras. A primeira e mais simples é multiplicar as dimensões do quadrado inicial a caneta com 15cm na vertical e 15cm na horizontal. Assim, 15cm x 15cm = 225cm². E a segunda é calcular o valor da área de um quadrado; ou seja, 2,5cm x 2,5cm = 6,25cm². Como são 36 quadrados, basta fazer esta operação: 6,25cm² x 36 = 225cm².

Este processo pode ser feito para outras divisões do quadro 15cm x 15cm; porém, sem mudança do valor da área final. Veja os exemplos nas figuras 23 e 24. Sempre que a divisão de linhas e colunas forem iguais estaremos calculando a área de quadrados.

Quando a quantidade de linhas e colunas forem diferentes, trata-se do cálculo de área de retângulos. E quando dividimos o quadrado ou o retângulo por uma das diagonais teremos dois triângulos de áreas iguais. Para calcular a área de um triângulo basta dividir o valor da área do quadrado ou retângulo por dois, como ilustra a figura 25.

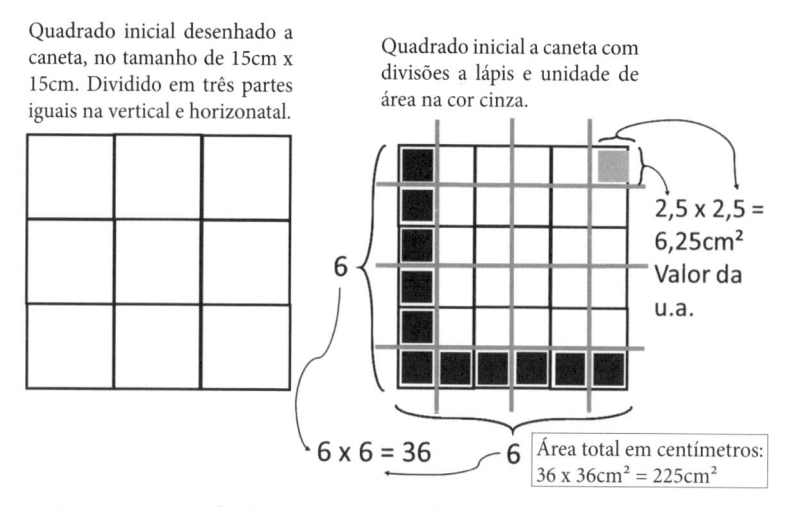

Quadrado inicial desenhado a caneta, no tamanho de 15cm x 15cm. Dividido em três partes iguais na vertical e horizonatal.

Quadrado inicial a caneta com divisões a lápis e unidade de área na cor cinza.

2,5 x 2,5 = 6,25cm² Valor da u.a.

6 x 6 = 36   6   Área total em centímetros: 36 x 36cm² = 225cm²

Figura 23: Quadrado matemágico – Cálculo de área de polígonos

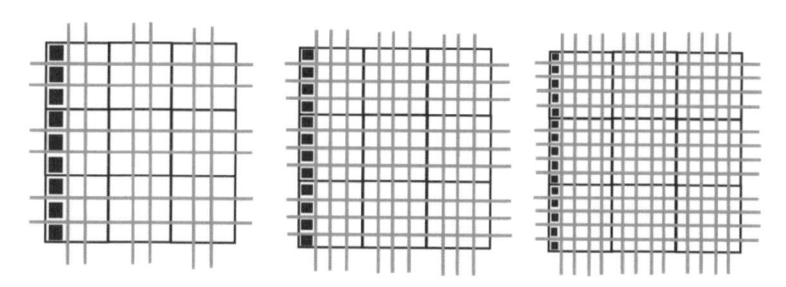

Figura 24: Quadrado matemágico – Quadrado inicial desenhado a caneta, no tamanho de 15cm x 15cm. Dividido respectivamente em nove, doze e quinze partes iguais na vertical e na horizontal

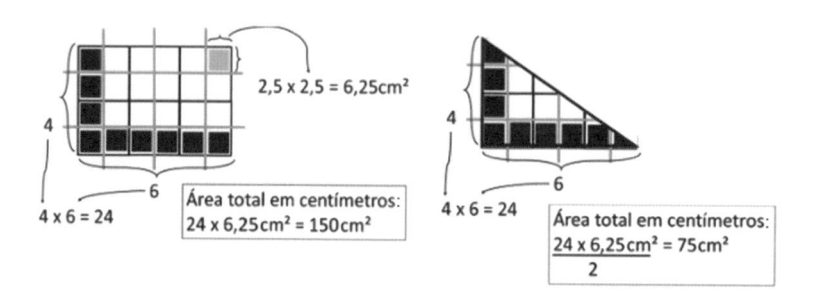

2,5 x 2,5 = 6,25cm²

4

6
4 x 6 = 24   Área total em centímetros: 24 x 6,25cm² = 150cm²

4

6
4 x 6 = 24   Área total em centímetros: $\dfrac{24 \times 6,25cm^2 = 75cm^2}{2}$

Figura 25: Quadrado matemágico – Exemplo para a área de um retângulo e um triângulo com a altura de 4 u.a. (10cm) e a base de 6 u.a. (15cm)

Cálculo de potência de expoente 2 e raiz quadrada

Por meio desta dinâmica mostramos uma outra maneira de explicar o conceito de raiz quadrada e uma aplicação para potência de expoente 2. Certamente você já ouviu, e talvez tenha falado para os seus alunos que 2 elevado a 2 é o mesmo que dois elevado ao quadrado. Ou também algum aluno tenha lhe perguntado sobre o porquê dos nomes raiz quadrada e raiz cúbica.

Então, esta atividade é para você! Que tal mostrar para os seus alunos, na prática, de onde vem esses conceitos? Vamos lá!

Sabemos que o inverso da operação de potência é a raiz, da mesma forma que a soma está para a subtração e a multiplicação para a divisão. Vamos nos ater à raiz quadrada, pois para o conceito de raiz cúbica precisamos utilizar geometria espacial, o que não se aplica ao quadrado matemágico, que se trata de geometria plana.

Para começar, peça aos seus alunos que desenhem ou aproveitem o quadrado feito à caneta com as dimensões de 15cm x 15cm, divido em três partes iguais na horizontal e na vertical. Agora vamos repartir cada lado do quadro em seis partes iguais, totalizando 36 quadrados com uma unidade de área (u.a.) cada.

Peça para eles pintarem as seis primeiras u.a. da primeira coluna vertical e as seis u.a. da última coluna horizontal. Peça também que eles pintem, de cor diferente, quatro u.a. no canto superior direito, de tal maneira que forme um quadrado. Com esses primeiros passos já é possível trabalhar a $\sqrt[2]{4}$ e a $\sqrt[2]{36}$, bem como as potências $2^2=4$ e $6^2=36$.

Agora ficou fácil você explicar o termo raiz quadrada, porque em um caso se trata do tamanho de um dos lados do quadrado, e no outro há um quadrado com 4 u.a., com dois lados nas laterais. O raciocínio é análogo para qualquer quadrado com u.a. menores ou maiores, como no caso do exemplo de 36 u.a, na figura a seguir.

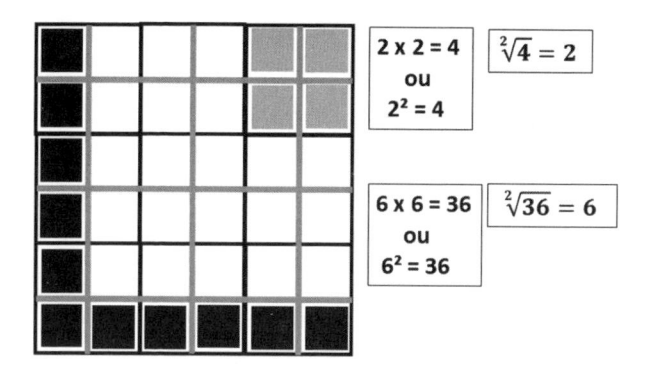

Figura 26: Quadrado matemágico – Cálculo de potência de expoente dois e raiz quadrada

Só para exemplificar a atividade, a figura a seguir apresenta combinações de diversos quadrados de u.a. com tamanhos diferentes.

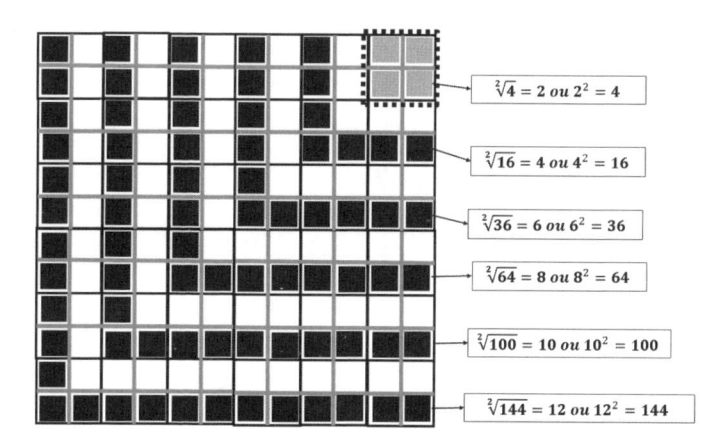

Figura 27: Quadrado matemágico – Combinações de diversos quadrados de u.a. com tamanhos diferentes

Indo além

Depois da atividade, observando o interesse e a animação dos alunos pela forma de trabalhar os conceitos matemáticos, pode-se lançar um desafio ainda maior.

Em vez de um quebra-cabeça com nove números, como na primeira parte da atividade, que tal aumentar para dezesseis números?! Desta vez o quadrado na folha de papel A4 terá as dimensões de 16cm x 16cm, sendo cada célula com as dimensões de 4cm x 4cm. Agora o aluno precisa usar, sem repetir, os números 1 a 16 e com eles preencher os dezesseis quadrados. Vence quem obtiver a soma 34 em todas as direções (horizontal, vertical e nas diagonais) e em menor tempo.

Provavelmente os alunos terão dificuldades. Então, caso ninguém consiga, dê uma dica: peça para eles colocarem os números 6, 7, 10 e 11 em qualquer ordem nos quatro quadrados centrais, como mostra a figura a seguir. Contudo, se mesmo com esta dica eles não conseguirem acertar, dê uma outra dica: colocarem nos cantos os números 1, 4, 13 e 16.

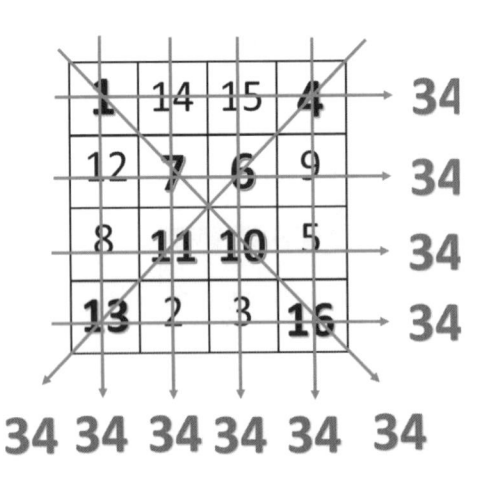

Figura 28: Quadrado matemágico – Exemplo de resposta

Water Bottle flip

Do 6º ao 9º anos

Assunto: Soma, subtração, multiplicação, divisão de números etc.

Tempo: De 30 a 40 minutos.

Recurso: Garrafa pet de 500ml.

Passo a passo

Quem nunca jogou uma garrafa com um pouco de água na tentativa de dar uma cambalhota e a garrafa cair em pé? Isso é conhecido, em inglês, como *flip* (virar), sendo aplicado nos esportes.

Esta atividade utiliza tal brincadeira para fomentar a disputa entre os alunos na resolução de problemas. Você pode optar por colocar aluno contra aluno ou duplas se enfrentando. No caso das duplas, um aluno fica responsável por resolver o problema no quadro, enquanto o outro fica responsável por tentar fazer o *flip* na garrafa. Esse recurso é interessante quando o problema proposto requer um nível de atenção maior. Você pode sugerir que as duplas façam revezamento nos seus papéis, para que ambos possam ter a chance de resolver o problema no quadro.

Inicialmente o aluno/a fica de costas para o quadro e só pode se virar para ele, tentando resolver o problema, quando o *flip* na garrafa for feito. A tentativa de resolução deverá ser interrompida quando o aluno/dupla adversária conseguir fazer o *flip* na garrafa deles. Esses passos se repetem até que alguém consegue resolver o problema e, assim, é declarado o vencedor.

Os problemas propostos para a dinâmica podem ser uma expressão numérica no nível do 6º ano (revisão), uma expressão envolvendo radiciação, potenciação ou uma equação do segundo grau com esboço de gráfico.

Será empolgante ver os alunos duelarem, o restante da turma dividida na torcida e os alunos que tinham receio de matemática se empolgarem em querer dar um *flip* na garrafa e ir ao quadro. É uma maneira de reafirmar e valorizar os pontos fortes dos alunos.

Indo além

Que tal você entrar na brincadeira e ainda revisar a tabuada com seus alunos? Você irá de mesa em mesa, e com uma garrafa na mão perguntará a tabuada com valores aleatórios – seja com números na casa da unidade (p. ex., 6 x 7 = 42) ou na casa das dezenas (p. ex., 6 x 13 = 78) – para o aluno responder. Se ele conseguir fazer o *flip* na garrafa, indicará uma pessoa para responder, inclusive você, professor(a). Se ele errar, deverá responder.

O ideal é ditar a tabuada antes de o aluno tentar o *flip* e, de preferência, em voz alta, para que todos os seus colegas possam pensar na resposta, até porque eles podem ser indicados pelo aluno que está dando o *flip*.

Water Bottle spin

Do 6º ao 9º anos

Assunto: Soma, subtração, multiplicação, divisão de números etc. (conforme a necessidade da turma).

Tempo: De 30 a 40 minutos.

Recursos: Garrafa pet de 500 ml ou maior, caixa ou sacola.

Passo a passo

Esta dinâmica é interessante para revisar conteúdos e pode ser feita ao ar-livre, fazendo os alunos saírem um pouco da sala de aula. As perguntas poderão ser feitas pelos próprios alunos ou você trará perguntas previamente preparadas.

Coloque as perguntas em uma caixa ou sacola. Isso vai servir como uma espécie de banco de perguntas. A aplicação desta dinâmica é muito fácil.

Disponha os alunos em círculo, sentados em cadeiras ou no chão. Sorteie algum aluno para girar a garrafa, ou você mesmo pode ser o primeiro a girá-la. Quando ela parar, quem estiver na direção da tampa pergunta para a pessoa do lado oposto responder.

Quem responde corretamente pode ganhar um prêmio, como adesivos ou balas, conforme o que for combinado. A única pessoa que pode responder é a que parou na direção oposta da tampa da garrafa; ela pode deixar de responder até duas vezes. Depois disso, precisa pagar um mico, que pode ser à escolha da turma ou previamente descrito e pago a partir de sorteio.

Para tentar evitar que o mesmo aluno seja selecionado várias vezes, depois de um determinado número rodadas, eles poderão mudar de lugar.

O importante nesta dinâmica é se divertir e revisar ao mesmo tempo, o que acaba tornando a aula de matemática mais lúdica e interessante.

Indo além

Por que não trabalhar esta dinâmica junto com outras turmas em que você atue na escola ou, melhor ainda, com outro(a) professor(a) que esteja trabalhando um conteúdo diferente?

Você também poderá usar esta atividade como revisão de prova para seus alunos perceberem os pontos em que precisam de mais atenção e você mesmo perceber se precisa trabalhar novamente alguns conceitos e exercícios com a turma.

Recuperando pontos

Do 6º ao 9º anos
Assunto: Qualquer conteúdo aplicado em uma avaliação escrita.
Tempo: De 25 a 50 minutos.
Recursos: Marcador de quadro branco ou giz.

Passo a passo

Quantos de nós, professores, aplicamos uma prova discursiva ou objetiva e observamos que as notas não foram as esperadas, gerando frustração de ambos os lados? (Você, que se dedicou a preparar aulas e tirar dúvidas e os alunos que estudaram para a avaliação, mas o nervosismo os atrapalhou.) Em relação às propostas de avaliações mais significativas, indicamos o livro *Avaliações mais criativas*, de Solimar Silva (Editora Vozes).

Utilizar esta dinâmica poderá ser um momento prazeroso e reconfortante após algumas provas. *Recuperando pontos* é uma atividade que objetiva buscar resgatar a nota, ou parte dos pontos perdidos, e oferecer aos alunos a oportunidade de apresentarem o que entenderam da matéria; porém, de uma maneira expositiva. Você é apenas um(a) mediador(a), porque quem irá avaliar o aluno é a própria turma.

Esta atividade pode ser proposta após a correção de uma prova e antes do lançamento da nota no diário, pois a ideia é recuperar os pontos perdidos pelos alunos.

Após você entregar para a turma a prova corrigida, os alunos terão de 3 a 5 minutos para observar o que erraram e formularem uma nova resposta que julgam ser a correta. Depois, convide o aluno que desejar para ir ao quadro e expor o que errou, e de como deveria ser o correto, ou uma das formas corretas de desenvolver aquela questão.

Após o aluno terminar sua explanação, pergunte à turma se ele merece a nota total ou parte da nota para aquela questão. O importante é não interferir, mas atuar como um mediador e ser imparcial quanto ao veredicto feito pela turma. Incentive os alunos a irem ao quadro e valorizar a coragem daqueles que estão tentando recuperar o ponto.

Quando o aluno consegue parte ou a totalidade dos pontos para a questão feita, você pode registrar isso no instrumento avaliativo informando a pontuação adicional como mérito do aluno. Isso é uma maneira de evidenciar o esforço dele e fortalecer este fato junto aos responsáveis.

Indo além – Adaptações

Que tal pedir aos alunos para que tragam questões de concurso, vestibulares ou exercícios para resolverem no quadro e apresentarem o seu raciocínio para a turma?

Caso julgue necessário, divida a pontuação com base no nível de dificuldade de cada questão e atribua pontuação diferenciada (como uma escala) para o aluno que foi ao quadro.

A ideia é colocar o aluno como protagonista do seu aprendizado e compartilhar seu conhecimento, fortalecendo a confiança frente ao conteúdo estudado.

Corrida de obstáculos matemáticos

Do 6º ao 9º anos

Assunto: Expressão numérica, operações matemáticas, entre outras, que julgar interessante.

Tempo: 50 minutos.

Recursos: Caixa de papelão, folhas A4, marcador de quadro branco, giz colorido, fita adesiva, cola, bolas.

Passo a passo

Você já pensou em revisar o conteúdo de matemática ao ar-livre e ainda estimular a atividade física de seus alunos? O objetivo desta atividade é trabalhar o raciocínio rápido e sob pressão; porém, de forma bastante divertida.

Ela é estruturada em dois momentos: montagem da atividade e execução. Na montagem da atividade é possível estimular o trabalho em equipe. Também é uma ótima oportunidade para melhorar o entrosamento entre os alunos, visto que todos os passos seguintes poderão ser realizados pela turma.

Primeiro momento: montagem do material para a atividade

Tapete – Comece com a confecção de dois tapetes, um para cada equipe. Para isso, desmonte as caixas de papelão, que servirão de base para o tapete. Coloque numerais em folhas A4, escrevendo de 0 a 9 em letras grandes. Em seguida, fixe as folhas com cola ou fita adesiva no tapete. Os números deverão ser colados de forma aleatória, tornando a atividade ainda mais empolgante.

Marcadores – Eles totalizam seis, sendo três para cada equipe. Poderão ser feitos de bolinhas de papel envolvidas com fita adesiva. Para incrementar a atividade e revisar a ideia de unidade, dezena e centena, eles deverão ser coloridos. Sugestão das cores e a indicação da ordem que representam:

- preto: unidade;
- azul: dezena;
- vermelho: centena.

Circuito – Pode-se fazer um único circuito para as duas equipes ou de maneira individualizada. Para estruturá-lo, usar giz colorido. Ele poderá ser montado a partir de sua ideia ou com a ajuda dos alunos.

O objetivo é utilizar a imaginação e criar desafios para os alunos; pois, juntamente com os desafios você fará questionamentos para serem respondidos, com os marcadores no tapete de numerais.

Um exemplo de circuito seria o jogo da amarelinha, incluindo um ziguezague, fazer desafios de polichinelo, pular corda, flexão de braço, quicar uma bola, fazer embaixadinhas etc. O objetivo é proporcionar movimentação para os alunos.

Sugestão: Que tal convidar o(a) professor(a) de Educação Física para esta atividade, deixando a cargo dele(a) a montagem do circuito com elementos de sua área? Os alunos irão vibrar com a junção da matemática à educação física.

Segundo momento: realização da atividade

É importante que o(a) professor(a) de Matemática já tenha montado uma lista de perguntas em que as respostas são números que vão de 0 a 999, por conta da quantidade de marcadores: unidade, dezena e centena.

Exemplo de uma rodada da atividade: você poderá dividir os alunos em duplas, trios ou quartetos. Para saber qual das equipes sairá primeiro, escolha um integrante de cada uma delas para que decidam no par ou ímpar.

Durante as etapas do circuito você vai enunciando parte das informações do problema a ser respondido ao final, e em cada etapa concluída vai repetindo o anterior e acrescentado uma nova informação até concluir toda formulação do problema quando o aluno chegar ao seu tapete com os numerais e responder com os marcadores, que deverão ser posicionados sobre os números (por isso a ideia de colocar os números de forma aleatória).

Vence quem conseguir responder primeiro; por isso, é importante ter dois circuitos iguais e de preferência em paralelo, para o acompanhamento da atividade por todos, aqueles que estão disputando e aqueles que estão assistindo.

A figura a seguir ilustra como esta atividade pode ser feita. Nela propomos quatro desafios do circuito antes de os alunos chegarem a seus tapetes. E em cada etapa ou desafio, você irá apresentar uma parte do problema a ser resolvido ao final.

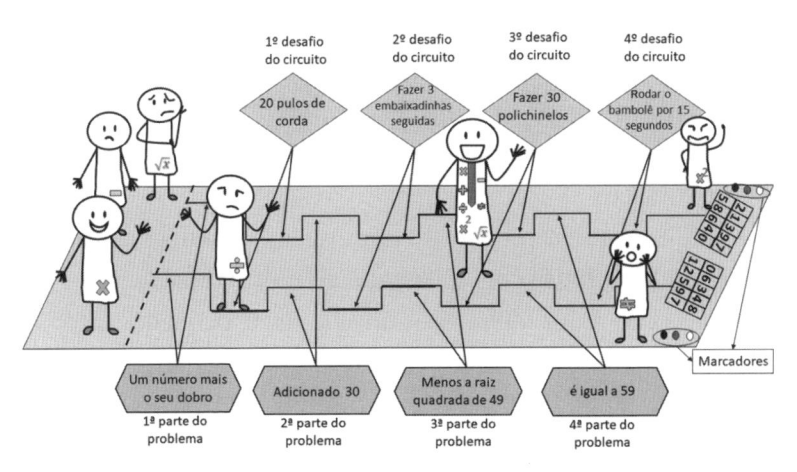

Figura 29: Corrida de obstáculos matemáticos

Indo além

Que tal os próprios alunos formularem as perguntas e você sortear para a equipe adversária responder? Ou, ainda, você aproveitar para fazer desta atividade uma revisão que antecede uma prova escrita?

Corrida de saco
Correndo para a resposta

Do 6º ao 9º anos

Assunto: Operações matemáticas e outras que você julgar interessantes.

Tempo: 30 minutos.

Recursos: Sacos de ração para animais ou sacos de tecido, caixa de papelão, folhas de papel A4 e caneta.

Passo a passo

A corrida de sacos consiste em colocar as duas pernas dentro de um saco, que geralmente fica na altura da cintura. Vence a corrida quem chegar primeiro a um ponto previamente determinado. A regra é simples: durante a corrida os pés deverão ficar dentro do saco.

Não há registro preciso de sua origem. Acredita-se que foi introduzida no Brasil com a chegada dos portugueses a partir do século XVI. A brincadeira era utilizada principalmente entre as crianças, e os sacos utilizados eram os que armazenavam cereais.

Vamos à atividade?

Que tal uma corrida de sacos com sua turma e ainda revisar conteúdos de matemática se divertindo?

A nossa recomendação é que esta atividade seja feita em lugar aberto e, se possível, em um gramado, terra batida, praia ou quadras de esporte, pois as quedas são inevitáveis.

A atividade proporciona ao aluno exercitar a força, o equilíbrio, a resistência e a coordenação motora. Quanto à matemática, sugerimos dois modos de trabalhar o conteúdo.

Primeiro modo

Parecida com a atividade *Correndo para a resposta*, esta também é individual, mas desta vez o aluno corre com os pés dentro do saco, e só pode começar a correr depois que você ditar o problema e dar a largada. O aluno corre até a linha de chegada, e quem chega primeiro, responde.

Aqui vale a ideia de deixar um aluno responsável pelo Video Assistant Referee (VAR), explicado naquela atividade.

Quanto ao conteúdo, você pode escolher um ponto da matéria que está trabalhando com a turma e que se adeque à atividade. Recomendamos que sejam perguntas simples e, de preferência, conceituais, para que os alunos consigam responder prontamente (p. ex., revisão de tabuada).

Segundo modo

Desta vez o diferencial está no trabalho coletivo. Separe os alunos em duplas, trios, quartetos ou quintetos. Caso tenha um grupo com um integrante a mais ou a menos, faça adaptações na execução da atividade. Acreditamos que um bom conteúdo a ser trabalhado é a expressão numérica, mas nada impede que seja outro.

Na corrida de saco você somente monitora a atividade, não precisando enunciar qualquer problema, pois os alunos irão montar o enunciado do problema sempre que vão e voltam correndo com saco até a linha de chegada.

Eles pegam na caixa de papelão apenas uma parte do problema, escrito em pedaços de folha A4 (uma sugestão seria escrever na caixa de papelão no lugar de folha A4). O problema vai sendo resolvido como um quebra-cabeça, e somente será concluído quando a equipe pegar todas as partes dele.

Assim, em equipes com um integrante a mais, um dos componentes deixa de realizar a corrida em uma determinada rodada. Quando elas têm um integrante a menos, um deles realizará a corrida duas vezes.

Sobre a quantidade de partes em que será dividido o problema, deixamos a seu critério, pois dependerá do tempo disponível e do nível da turma. O ideal é que o mínimo seja a quantidade de integrantes do grupo e o máximo cinco vezes esta quantidade (p. ex., em um grupo de três pessoas o mínimo será três e o máximo quinze).

A equipe vencedora será aquela que responder corretamente em menor tempo.

Também seria possível fazer duelos entre equipes, como um campeonato de futebol, para premiar os primeiros colocados com recompensas diferentes.

Indo além

Depois de os alunos se divertirem, estando esgotados, cansados de tanto correr e sem vontade de voltar à sala de aula, que tal uma atividade para aproveitar o momento? E isso será feito com o jogo de adivinhação.

Previamente selecione alguns objetos, cobrindo-os com sacos de corrida, por exemplo. Peça para que os alunos sentem-se em círculo em torno dos objetos. Esses objetos também podem ser substituídos pelo nome deles, escritos em pedaços de papel ou papelão. Porém, é mais interessante trabalhar com objetos reais, pois isso favorecerá a descoberta dos alunos, que poderão visualizar o formato deles sob o saco.

Você poderá estar se perguntando como os alunos irão descobrir, se não podem tocar. Dê dicas baseadas em conceitos matemáticos que podem ser aplicados ao objeto-alvo. Por exemplo, se utilizar um apagador de quadro no formato de paralelepípedo, dirá que é um objeto que contém quatro vértices, oito arestas e faces retangulares. É uma ótima oportunidade para revisar conteúdos de geometria.

BÔNUS

Jogos africanos para você se inspirar em suas aulas

Ntxuva
Xadrez africano

Do 6º ao 9º anos

Assunto: Lógica, cálculos, estratégia e análise combinatória.
Tempo: 30 minutos.
Recursos: Para o tabuleiro, duas caixas de ovos vazias ou folhas de papel A4; para as peças, grãos como feijão e milho.

Passo a passo

Ntxuva (pronuncia-se txuva) é um jogo de tabuleiro para duas pessoas, e dependendo da região, pode receber outros nomes, como Mancala e Bao. No continente africano é jogado em qualquer lugar; pois, para construir o tabuleiro, basta cavar vinte e quatro covas iguais, de pequeno diâmetro (aproximadamente 5cm), com quatro fileiras e seis colunas. As peças utilizadas são pedras, pedaços de galho ou sementes. Cabe ressaltar que é um jogo referenciado pelo programa de pesquisa da etnomatemática, que busca valorizar as formas de conhecer e interpretar a realidade de diferentes grupos culturais, sobretudo em relação à matemática. O vencedor será aquele que capturar todas as peças do adversário.

Por um referencial etnomatemático, chamaremos as peças de sementes. Elas totalizam quarenta e oito; vinte e quatro para cada jogador. Já o tabuleiro é formado por dois campos de batalha, um para cada jogador. Cada um deles conta com doze "covas" organizadas em duas fileiras, sendo que as fileiras internas são de ataque e as externas de defesa. Inicialmente são colocadas duas sementes em cada cova.

O movimento das peças é feito no sentido anti-horário. Tira--se a sorte (par ou ímpar; pedra, papel e tesoura etc.) para determinar o jogador que iniciará a partida.

A figura a seguir mostra um tabuleiro feito com caixa de ovos e outro com folha de papel A4.

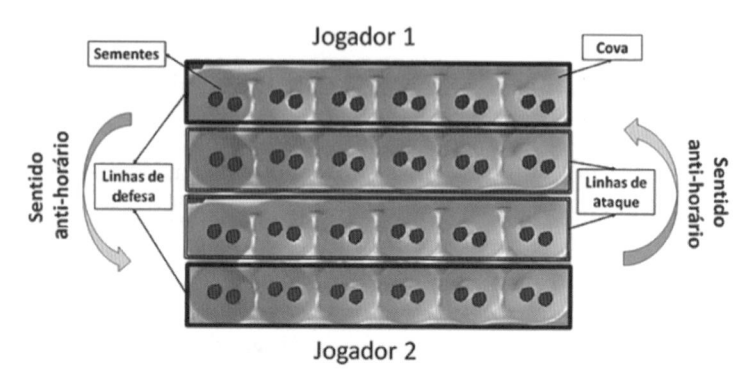

Tabuleiro com folha de papel A4

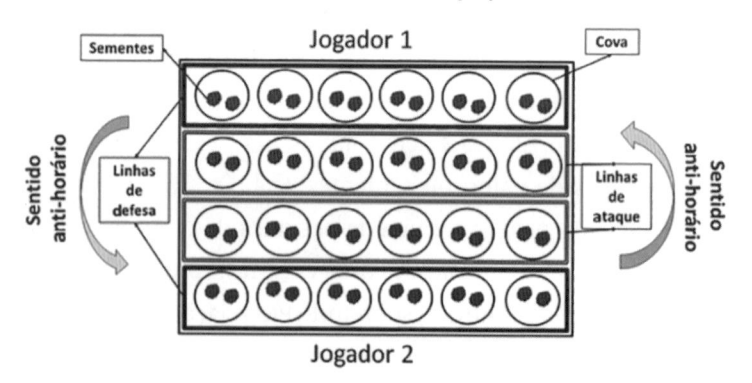

Figura 30: Ntxuva

O jogo conta com duas fases. Na primeira, as jogadas são feitas somente nas covas com mais de uma semente. De acordo com o movimento vão surgindo covas com apenas uma semente e outras vazias. A partir disso permite-se movimentar covas que tenham apenas uma semente (segunda fase).

Mas como se joga?

O jogador que inicia a partida, ao movimentar as sementes deixa vazia uma de suas covas de ataque e prossegue o jogo deixando as outras covas com apenas uma semente. Para isso, ele precisa ter estratégia e fazer cálculos mentais.

Quando a última semente for depositada em uma cova vazia e esta estiver na fileira de ataque, o jogador retira as sementes das covas do adversário que estiverem na mesma direção. Passa-se a vez para o outro jogador.

Há três ocasiões em que não é permitido coletar a semente do adversário:

1ª) Quando a última semente é depositada numa cova que o adversário não tenha semente alguma, na mesma direção, em suas covas de ataque e de defesa.

2ª) Quando a última semente é depositada numa cova de ataque, mas a cova de defesa do oponente estiver vazia. Passa-se a vez para o outro jogador.

3ª) Quando a última semente é depositada numa cova de defesa. Como não é possível atacar, as jogadas seguintes passam a ser do adversário.

Na segunda fase, uma das covas dos dois jogadores ficará vazia e todas as outras terão apenas uma semente. Não será possível, na movimentação, juntar duas sementes em uma mesma cova. Quando uma cova de ataque ficar vazia, toma-se a semente da cova de ataque do adversário que estiver na mesma posição.

O jogo é finalizado quando forem coletadas todas as sementes de um dos jogadores.

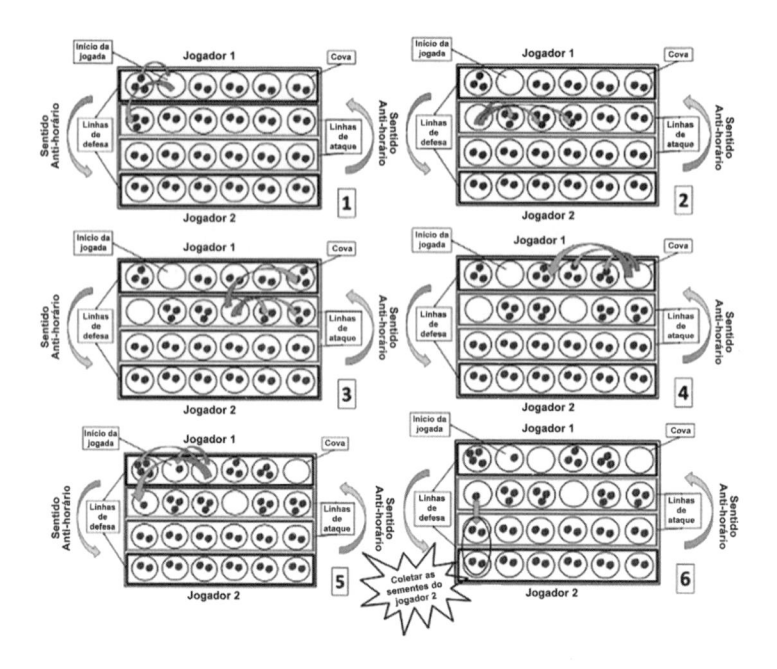

Figura 31: Ntxuva – Exemplo de uma jogada começando pelo jogador 1, na qual ele consegue coletar quatro sementes do jogador 2

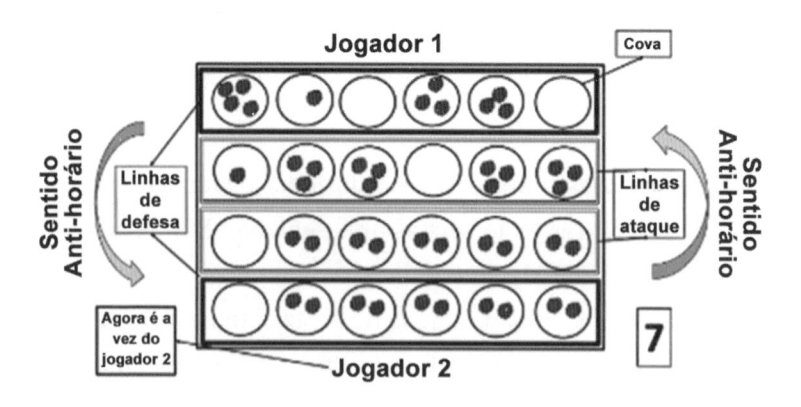

Figura 32: Ntxuva – Disposição dos jogadores

Labirinto de Moçambique

Do 6º ao 9º anos
Assunto: Lógica e probabilidade.
Tempo: 20 minutos.
Recursos: Papel e caneta, marcadores, bolinhas de papel ou tampas de garrafa pet.

Acredito que você já tenha participado e se divertido com a brincadeira de adivinhar em qual mão está o objeto escondido. Em Moçambique há um jogo de tabuleiro, chamado labirinto, no qual seus jogadores utilizam essa brincadeira para movimentarem as peças – ao descobrirem onde está o objeto escondido em uma das mãos – e avançarem as casas até vencerem a partida. Entretanto, se um deles errar a mão onde está o objeto, seu adversário é quem avança a casa. Naquele país, os objetos escondidos nas mãos são sementes, pedaços de galho ou pedras. Neste jogo de tabuleiro não são utilizados dados ou algum mecanismo para determinar o movimento das peças, mas o determinante é o fator sorte.

Falando em sorte, na matemática há um conteúdo que pode se encaixar nesse contexto: probabilidade. Esta é uma ótima oportunidade para explicar os conceitos desse conteúdo, pois o jogador precisa estudar o seu adversário e prever em qual mão está escondido o objeto, tendo a probabilidade de acertar em 50%.

Como se joga?
Somente são permitidos dois jogadores por vez. Cada um deles tem uma tampa de garrafa pet ou uma bolinha de papel no

tabuleiro e outra escondida em uma das mãos. Para começar a partida, um dos jogadores estica suas mãos fechadas diante do outro. Se o outro jogador adivinhar em qual das mãos está a tampa/bolinha de papel, ele dará início ao jogo, avançando uma casa do labirinto.

Quanto ao tabuleiro – ou seja, o nosso labirinto (diferentemente daquele feito no chão) –, utilizaremos uma folha de papel A4. Sugerimos um tabuleiro com o labirinto de nove casas/arestas para agilizar as partidas, mas não há problema em se colocar um número maior de casas/arestas. Veja o exemplo de um tabuleiro com nove casas e outro com treze.

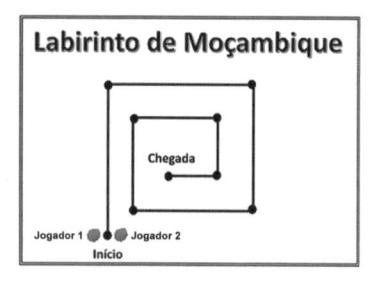
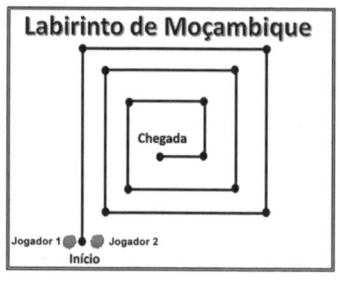

Tabuleiro com nove casas

Tabuleiro com treze casas

Figura 33: Labirinto de Moçambique – Tabuleiros com nove e treze casas

A proposta do jogo é se divertir e aprender um pouco mais sobre a cultura de outros povos. Porém, a partir dele é possível introduzir o conceito de probabilidade e utilizá-lo como um momento lúdico da turma.

Shisima

Do 6º ao 9º anos
Assunto: Raciocínio lógico, dobradura, geometria plana.
Tempo: 30 minutos.
Recursos: Papel, papelão, cola, régua, caneta, seis tampas de garrafa pet (três de cada cor). (Obs.: papelão e cola são opcionais.)

No Quênia, localizado na África Subsaariana, o café e o milho são dois dos principais cultivos. Ele também possui reservas de rubi, safira e ouro. Naquele país há um jogo que utiliza sementes, seixos ou pedras.

O tabuleiro é desenhado na areia, e seu formato é pura matemática, um octógono. O jogo se assemelha ao nosso jogo da velha, mas tem empate. Cada um dos jogadores recebe três peças. Vence quem conseguir alinhá-las primeiro. O empate acontece quando o mesmo jogador repete três vezes a mesma posição.

Ficou curioso? O nome deste jogo é Shisima (pronuncia-se chizima). A montagem do tabuleiro envolve o processo de dobradura. E para isso utilizaremos a técnica do origami.

Primeiramente, transforme uma folha de papel A4 em um quadrado; basta alinhar uma de suas faces menores a uma das maiores. Depois de dobrar, corte o excedente. Em seguida dobre o quadrado ao meio, como também o retângulo resultante disso. A partir do centro do retângulo, em sua parte fechada, faça duas dobras diagonais; uma à esquerda e outra à direita. Volte a dobrar o retângulo. Corte o lado aberto do quadrado formado, como indica o passo 7 da figura 35.

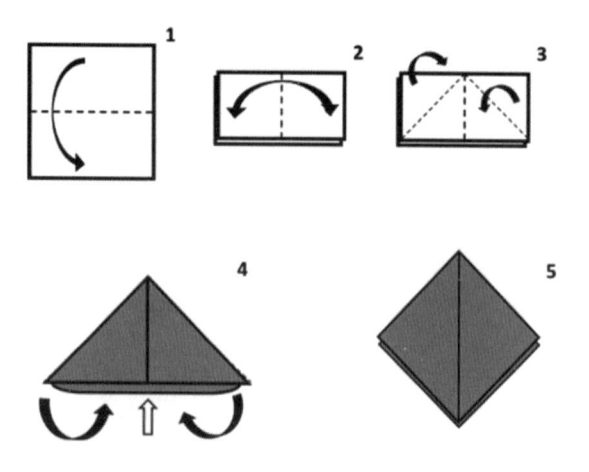

Figura 34: Shisima – Passos 1 a 5

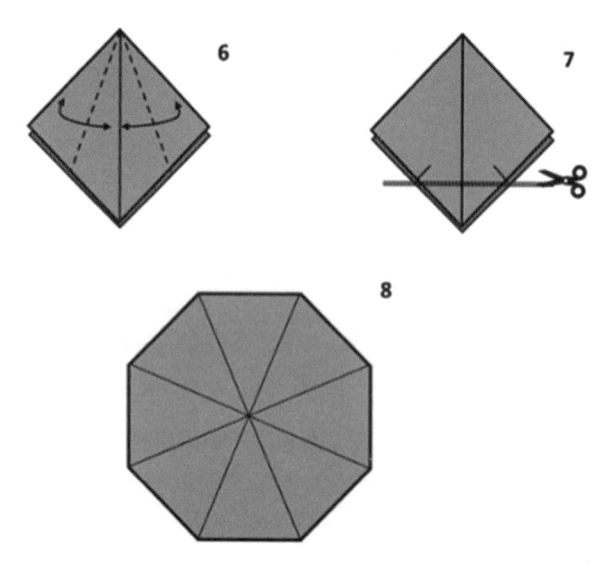

Figura 35: Shisima – Passos 6 a 8

O tabuleiro está quase pronto; basta desenhar as casas das peças. Para isso utilizaremos uma das tampas de garrafa pet, colocando-a nos vértices do octógono e passando a caneta em seu entorno. Se desejar, cole um papelão no verso do octógono e sobre os círculos, como na figura a seguir.

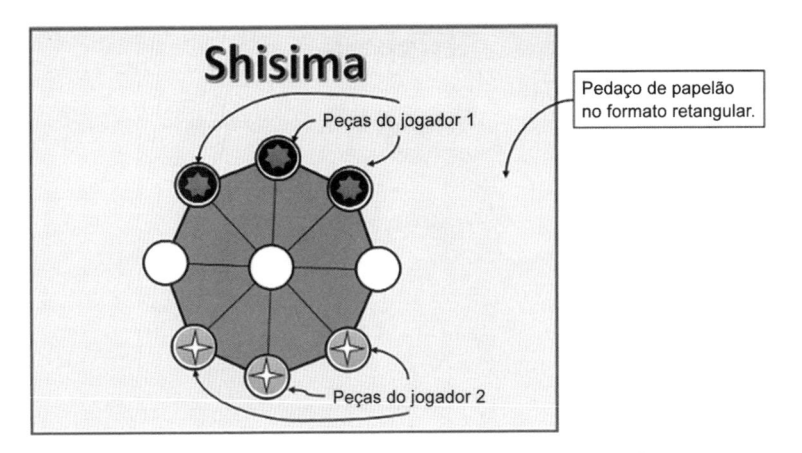

Figura 36: Shisima – Com peças prontas para o início do jogo

Como se joga

1) Na posição inicial do tabuleiro, posicione as três peças, uma ao lado da outra.

2) Cada jogador só pode mover uma peça por vez, na linha até o próximo ponto vazio, e as jogadas se alternam entre os jogadores.

3) Não pode saltar ou pular por cima de uma peça.

4) Ganhará o jogo aquele que conseguir posicionar as três peças em linha reta.

5) Se um dos jogadores realizar a mesma sequência de movimentos por três vezes, o jogo ficará empatado, isto é, não há vencedor nem perdedor.

Você pode decidir como será iniciada a partida. Pode ser a partir do par ou ímpar, da pedra, papel e tesoura ou quem responder primeiro determinado resultado de tabuada. Use sua criatividade para tornar o jogo divertido, desde o início.

O jogador que inicia a partida movimenta sua peça pelo tabuleiro até o vértice mais próximo que estiver vazio, não sendo permitido pular peças. Veja as cinco primeiras possibilidades possíveis para as peças do jogador 1 na figura a seguir.

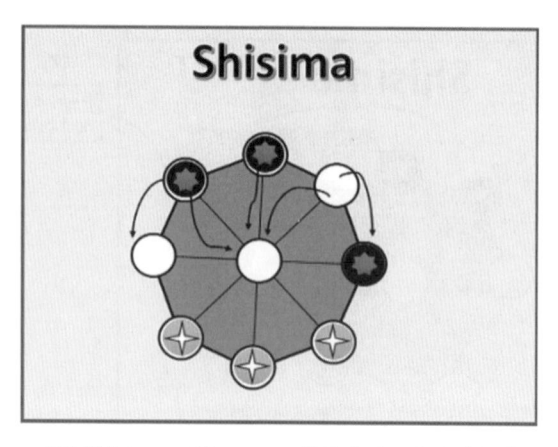

Figura 37: Shisima – Cinco possibilidades de início do jogo

Relembrando, o vencedor da partida será quem conseguir posicionar as três peças alinhadas, como se pode ver nas situações a, b, c, e d.

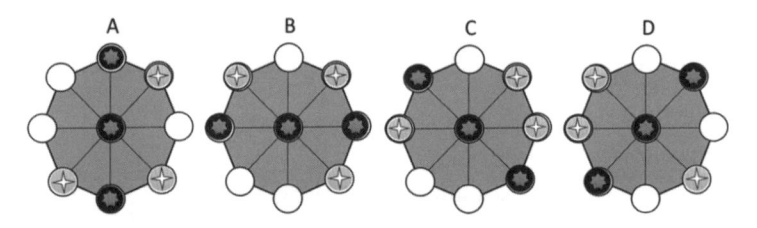

Figura 38: Shisima – O jogador 1 venceu a partida

A proposta deste jogo é trabalhar o raciocínio lógico e a análise de possibilidades, o que favorece o aprendizado do aluno na hora de buscar soluções para determinado problema. Para evitar o empate (repetir três vezes a mesma jogada), os jogadores devem exercitar a memória, pois precisam memorizar as próprias jogadas e as de seu oponente. Também é um jogo divertido e possibilita, para a sua montagem, trabalhar dobradura e formas geométricas.

Tsoro Yematatu

Do 6º ao 9º anos

Assunto: Raciocínio lógico, geometria plana (ponto, reta, vértice, ângulos e triângulos), semelhança de triângulos, proporção e análise combinatória.

Tempo: 40 minutos.

Recursos: Folha A4, régua, caneta, seis tampas de garrafa pet (três de cada cor).

Desta vez vamos até o Zimbábue, no sul da África, para descobrir o nosso jogo. Nessa nação, que se orgulha de suas belezas naturais, com lindas paisagens e uma grande diversidade de animais selvagens, há um jogo chamado Tsoro Yematatu (pronuncia-se Tisoru Iematatu), que significa "jogo de pedra jogado com três".

Ficou curioso? E se nós lhe contarmos que o tabuleiro é um triângulo isósceles, e nas divisões entre as casas são apresentados dois triângulos-retângulos e dois trapézios? E olha que não comentamos a respeito da junção dessas formas. Já dá para imaginar as possibilidades matemáticas.

Dito isto, vamos construir o tabuleiro e ver como se joga.

No Zimbábue, esse tabuleiro é desenhado no chão, utilizando-se seis pedras como peças. É uma diversão garantida das crianças daquele país. Para o nosso tabuleiro vamos usar uma folha de papel A4. Primeiramente, ela deverá ser dobrada ao meio nas duas dimensões; ou seja, no comprimento e na largura. A seguir, com o auxílio de uma régua, será traçada uma linha-base horizontal a 4cm do final da folha, deixando-se 3cm de cada lado. O ponto médio dessa linha, que está no vinco formado pela dobradura, será a primeira casa; suas extremidades determinam mais duas casas.

No meio da folha (na dobra feita anteriormente) e a 4cm abaixo do seu início serão traçadas duas linhas, uma à esquerda e outra à direita, até as extremidades da linha-base. No meio do triângulo formado será feita uma linha, na dimensão de seu comprimento e sobre o vinco, formando-se mais duas casas em suas extremidades.

Para completar o tabuleiro, dentro do triângulo será traçada uma nova linha sobre o vínculo vertical, formando três interseções, que serão mais três casas do tabuleiro. As sete casas poderão ser destacadas com círculos.

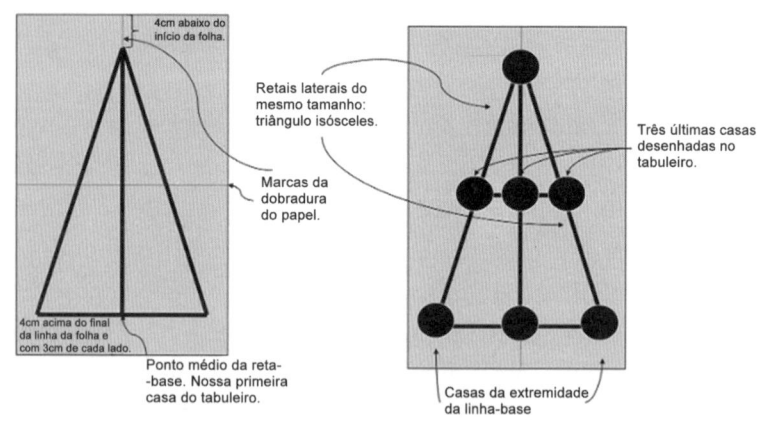

Figura 39: Tsoro Yematatu

Se você, professor(a), tiver possibilidade, sugerimos utilizar um espaço externo para desenhar o tabuleiro; seja utilizando giz no pátio da escola ou uma vareta em terra batida.

Se a sua empolgação for ainda maior, por que não criar um tabuleiro tamanho gigante e fazer dos alunos as suas peças?

Como se joga?

No jogo há duas fases; a da inserção das peças e a do deslocamento. Após sortear quem dará início à partida, os participantes colocam, de maneira alternada, as peças sobre o tabuleiro.

Restará uma casa vazia para que elas sejam movimentadas e os jogadores elaborarem suas estratégias.

Na segunda fase, a do deseslocamento, é permitido pular qualquer peça, tanto as próprias quanto as do adversário, desde que a casa de chegada esteja vazia e ligada a uma das linhas.

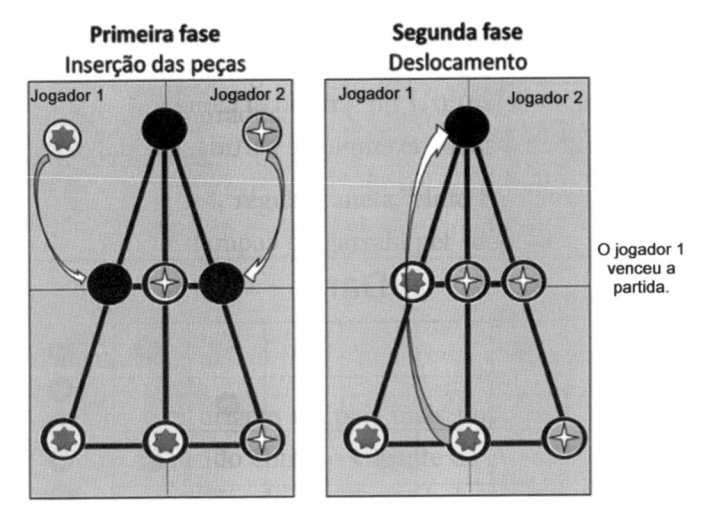

Figura 40: Fases do jogo

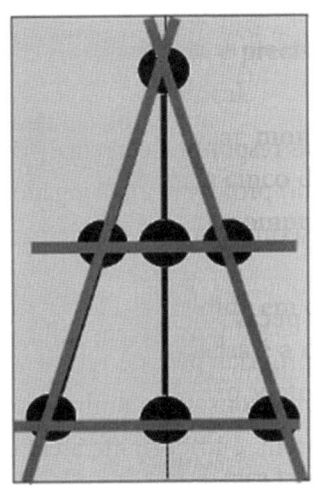

Será declarado vencedor o jogador que conseguir alinhar primeiro as três peças. A figura ao lado mostra as cinco possibilidades de alinhamento.

A proposta deste jogo, devido ao formato do tabuleiro, favorece o estudo da matemática em diversos aspectos, mas o nosso principal objetivo é fomentar a aprendizagem de forma lúdica, com bastante diversão, enaltecendo a cultura africana.

Figura 41: Possibilidades de jogadas no Tsoro Yematatu

Queah

Do 6º ao 9º anos

Assunto: Raciocínio lógico e análise combinatória.

Tempo: 40 minutos.

Recursos: Folha A4, régua, caneta, vinte tampas de garrafa pet (dez de cada cor) ou bolinhas de papel.

Passo a passo

Desta vez vamos falar de um jogo que teve seu primeiro registro em 1882 pelo zoólogo suíço Dr. Johann Büttikofer, considerado o pai da história natural da Libéria. Tudo indica que este jogo surgiu naquele país. Seu nome original e as regras para jogá-lo são imprecisos; por isso, têm variações.

O Queah é um jogo de tabuleiro, com treze casas, para dois jogadores e tem como objetivo capturar ou travar o movimento das peças do adversário, parecido com o jogo de damas no que refere à captura de peças, que ocorre em qualquer direção.

Para explicar a construção do tabuleiro, vamos rotacioná-lo em 45º à esquerda. Ele possui uma cruz central formada por nove casas e mais quatro casas junto a ela.

Com o tabuleiro montado, vamos colocar as peças do jogo. Apesar de serem dez peças para cada jogador, apenas quatro ficam no tabuleiro; as demais são reservadas para serem utilizadas durante o jogo. Quando ocorre a captura de uma das peças é obrigatória a sua reposição, que pode ser em qualquer lugar vazio do tabuleiro; o jogador que repôs já realizou sua jogada.

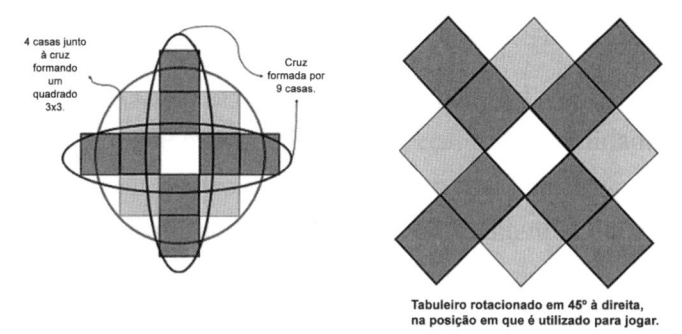

Figura 42: Queah

As capturas não são obrigatórias e ocorrem em qualquer direção: vertical, horizontal ou diagonal, desde que a casa de chegada após a captura esteja vazia.

O jogador a iniciar a partida é escolhido por meio da sorte: dado, par ou ímpar etc. Sugerimos que a escolha seja feita a partir de tabuada indicada por você, professor(a). O escolhido será quem responder primeiro e corretamente.

A utilização das peças obedece às seguintes etapas: movimentar, capturar e repor, sendo que as jogadas são alternadas pelos jogadores.

• Movimentar: as peças podem ser deslocadas em qualquer direção, desde que a casa de chegada esteja vazia, e uma casa por vez.

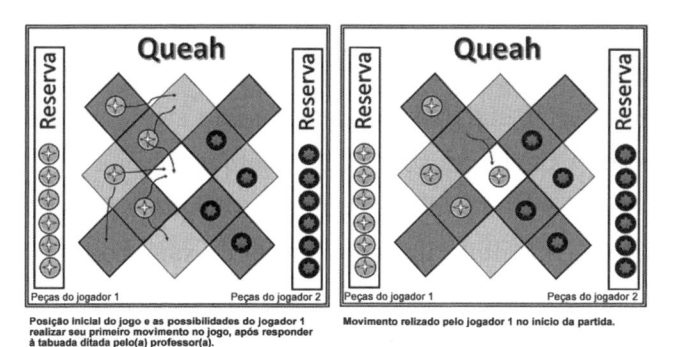

Figura 43: Queah – Andar

- Capturar: como já foi mencionado, pode-se capturar em qualquer direção, pulando-se uma peça.

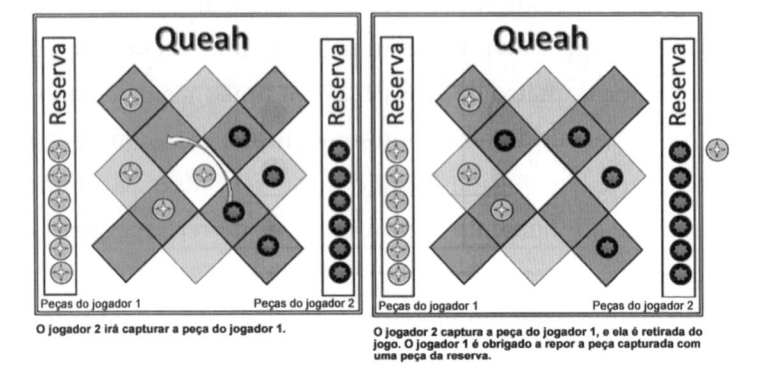

Figura 44: Queah – Capturar

- Repor: quando uma peça do jogador for capturada pelo adversário, sua reposição é obrigatória. Quando o jogador não tiver mais reserva é permitido que ele continue jogando.

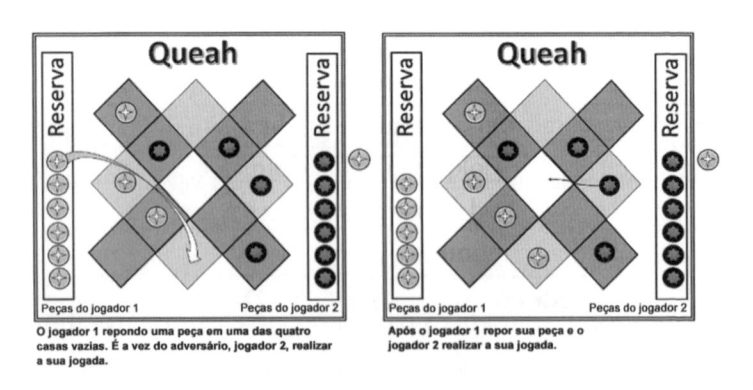

Figura 45: Queah – Repor

O jogo termina quando todas as peças de determinado jogador forem capturadas.

Variações do jogo

• Movimentar: só é permitido mover as peças nos sentidos vertical e horizontal. Em outras variações do jogo só é permitido deslocá-las no sentido diagonal.

• Capturar: as capturas ficam restritas às movimentações. Ou seja: no primeiro caso, somente nos sentidos vertical e horizontal. No segundo caso, somente no sentido diagonal.

• Repor: as reposições não são obrigatórias. Portanto, não há necessidade de o jogador manter quatro peças no tabuleiro. Uma outra variação neste quesito é o jogador poder repor e ainda jogar, desde que não movimente a peça colocada no tabuleiro.

O objetivo do jogo é se divertir. Pode-se utilizá-lo numa aula de geometria, aplicando-se os conceitos matemáticos nos movimentos das peças ou na montagem do tabuleiro.

Borboleta de Moçambique

Do 6º ao 9º anos
Assunto: Raciocínio lógico, análise combinatória, semelhança de triângulos e geometria plana.
Tempo: 40 minutos.
Recursos: Folha A4, régua, caneta, dezoito tampas de garrafa pet (nove de cada cor) ou bolinhas de papel.

Passo a passo

De todos os jogos vistos até aqui, Borboleta de Moçambique é o que mais se assemelha ao de Damas. A diferença está no tabuleiro, que se parece com uma borboleta. Como o próprio nome indica, ele surgiu em Moçambique.

Cada um dos dois jogadores recebe nove peças. O tabuleiro conta com dezenove casas, possuindo dois triângulos opostos pelo vértice, ou duas retas concorrentes, e uma das casas está localizada na intersecção dos vértices desses triângulos ou dessas duas retas. As demais casas estão presentes nos seis segmentos de retas, que são paralelos entre si, com três pontos cada.

Esta descrição parece um livro de matemática com conceitos de geometria analítica. Isso mesmo! Viu quanta matemática pode ser apresentada com este tabuleiro? A seguir, a figura 46 mostra um modelo do tabuleiro com as peças na posição inicial.

Para desenhar o tabuleiro é preciso marcar o ponto central da folha, que é a casa vazia no início do jogo. Depois, traçar, com auxílio de régua, as linhas diagonais e os segmentos de reta paralelos entre si. Para facilitar, vamos utilizar o processo de dobradura de papel, como fizemos no jogo do Shisima.

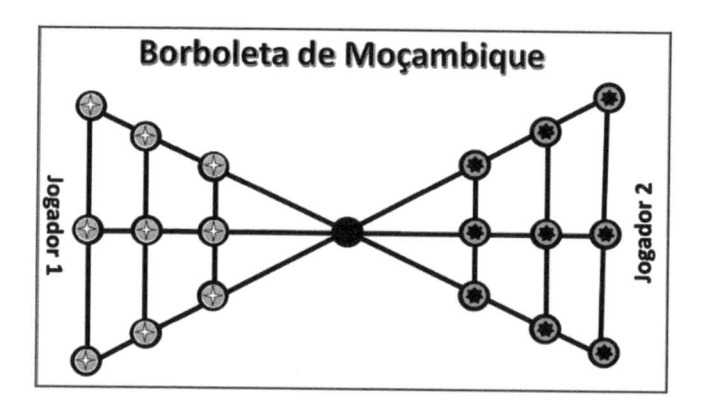

Figura 46: Borboleta de Moçambique

Veja na figura seguinte a montagem do tabuleiro em uma folha de papel A4.

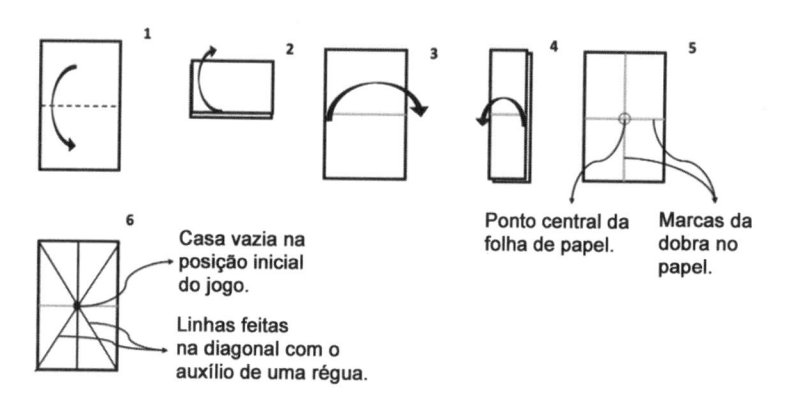

Figura 47: Borboleta de Moçambique – Dobraduras no papel

O objetivo do jogo é capturar todas as peças do adversário, e se ambos os jogadores ficarem com apenas uma peça, é declarado empate.

Para iniciar a partida é tirada a sorte entre os jogadores; também pode-se perguntar uma tabuada.

A captura ocorre em qualquer direção, e só é possível quando há uma casa vazia depois da peça a ser capturada. Pode-se capturar peças nas diagonais e no sentido ortogonal (vertical e horizontal). As capturas também são obrigatórias. Se ocorrer mais de uma possibilidade de capturar a peça do adversário, o jogador optará por uma delas. Caso um jogador deixar de fazer a captura, a peça passa a ser do adversário. O jogo permite tomar mais de uma peça do adversário, desde que existam casas vazias entre as peças a serem capturadas. Veja exemplos nas figuras abaixo.

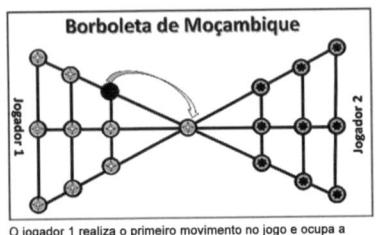 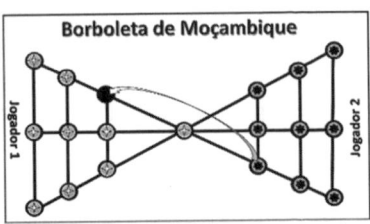

Figura 48: Borboleta de Moçambique – Possibilidade 1

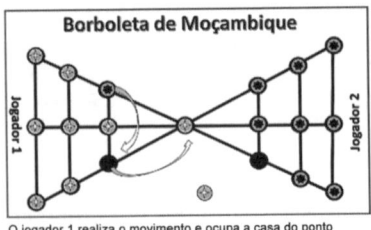 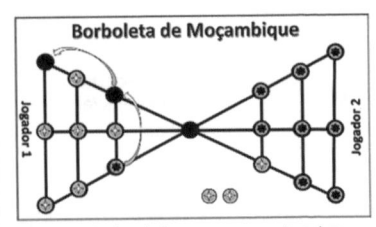

Figura 49: Borboleta de Moçambique – Possibilidade 2

Este jogo possibilita que você exponha conceitos geométricos de uma maneira lúdica, facilitando o aprendizado de seus alunos, além de contar com estes benefícios: atenção, concentração, reforço da memória de trabalho, melhora do foco do aluno e análise de solução de problema, entre outros.

Nove buracos

Do 6º ao 9º anos
Assunto: Raciocínio lógico, análise combinatória, área e perímetro de quadrados, proporção e porcentagem.
Tempo: 30 minutos.
Recursos: Folha A4, régua, caneta, seis tampas de garrafa pet (três de cada cor) ou bolinhas de papel.

Passo a passo

No jogo Nove buracos, como o próprio nome sugere, há nove casas. Acredita-se que ele tenha surgido em uma das nações africanas colonizadas pelos ingleses.

É considerado um jogo de estratégia abstrata. É como se os jogadores criassem, na alternância das jogadas, um quebra-cabeça para o adversário desvendar, pois não há informação nem elementos determinísticos. Ficou curioso?

Ele se assemelha a estes jogos: Shisima, Tsoro Yematatu, Achi, Dara e Jogo da velha. Para explicar a sua dinâmica tomemos como referência o Jogo da velha.

Os jogadores precisam alinhar todas as suas três peças; mas, diferentemente daquele jogo, a diagonal não é levada em consideração.

Em termos matemáticos, o tabuleiro é composto por um quadrado externo e quatro internos; ou seja, cada um dos quadrados menores possui 25% do tamanho do quadrado maior. Estes formam dois segmentos perpendiculares com intersecção nos pontos médios de todos os lados do quadrado.

Que tal facilitar os conceitos para os alunos e depois fazer o caminho reverso? Podemos pensar nesta interpretação: o tabuleiro é um quadrado dividido ao meio na horizontal ou na vertical, formando uma cruz. A ideia é simplificar, para que o aluno, depois de visualizar o conceito, parta para o processo de abstração.

Para montar o tabuleiro, dobra-se a folha de papel A4 ao meio, nos sentidos vertical e horizontal, para que seja encontrado o ponto central, que é um dos nove buracos; ou seja, uma das casas.

A partir desse ponto e dos vincos formados pela dobradura no papel traça-se uma cruz no tabuleiro, com 15cm nos dois sentidos.

A seguir, todo o processo de confecção do tabuleiro.

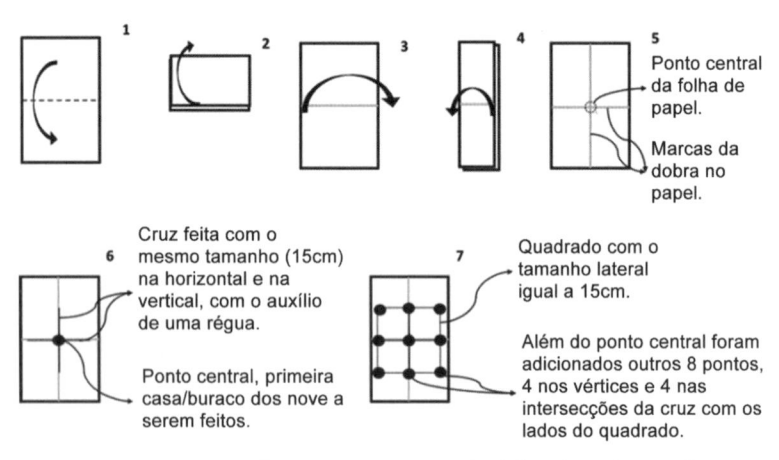

Figura 50: Nove buracos – Processo de dobradura do papel

Agora vamos explicar as regras e como se joga. É tirada a sorte para determinar quem começa a partida.

Cada jogador recebe três peças. O tabuleiro começa vazio, e cada jogador vai colocando alternadamente suas peças. As jogadas se sucedem até que um dos jogadores consiga alinhar as três peças em uma das horizontais ou verticais, lembrando que as diagonais não contam.

As figuras seguintes mostram como fica o tabuleiro no início da partida e quando um dos jogadores consegue alinhar as três peças.

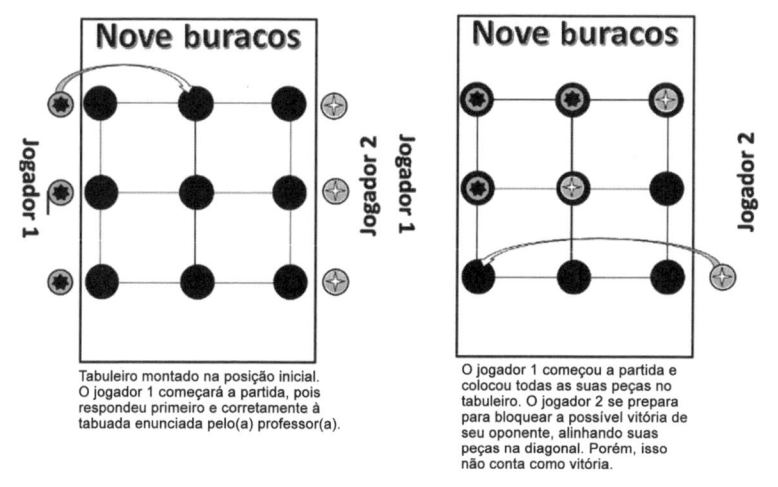

Tabuleiro montado na posição inicial. O jogador 1 começará a partida, pois respondeu primeiro e corretamente à tabuada enunciada pelo(a) professor(a).

O jogador 1 começou a partida e colocou todas as suas peças no tabuleiro. O jogador 2 se prepara para bloquear a possível vitória de seu oponente, alinhando suas peças na diagonal. Porém, isso não conta como vitória.

Figura 51: Nove buracos – Tabuleiro montado e alinhamento na diagonal

O jogo requer estratégia. Normalmente os alunos demoram um pouco para entender sua dinâmica, mas é um jogo divertido, o que facilita sua compreensão.

Na montagem do tabuleiro você conseguirá trabalhar o conceito de proporção, ao comparar o quadrado maior com os menores; de área e perímetro; de análise combinatória, ao conjecturar as possibilidades e repercussões das jogadas. Esta é uma ótima oportunidade para se trabalhar o raciocínio lógico e a matemática por meio da ludicidade.

Achi

Do 6º ao 9º anos

Assunto: Raciocínio lógico, análise combinatória, área, perímetro, proporção, porcentagem, semelhança de triângulos e ângulos.

Tempo: 30 minutos.

Recursos: Folha A4, régua, caneta, oito tampas de garrafa pet (quatro de cada cor) ou bolinhas de papel.

Passo a passo

Este jogo vem de uma nação guerreira e de uma das primeiras colônias a proclamar a independência da Grã-Bretanha, devido à exploração do ouro, sendo atualmente um dos principais países produtores de cacau. Estamos falando de Gana. De lá também vem o nosso jogo: Achi. Ele é muito parecido com o Nove buracos; porém, cada jogador recebe uma peça a mais e existe uma cruz a mais, na diagonal.

Por isso, para a montagem de seu tabuleiro, adotaremos os mesmos procedimentos do jogo anterior e acrescentaremos as diagonais.

Para que o jogador vença ele precisa alinhar três das quatro peças em quaisquer das direções: horizontal, vertical ou diagonal. Eles decidem na sorte ou na tabuada quem será o primeiro jogar.

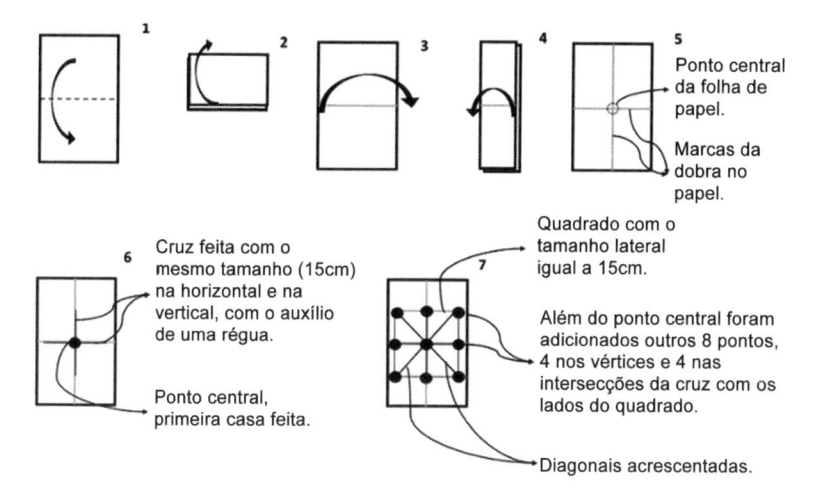

Figura 52: Achi

As figuras abaixo mostram como ficou o tabuleiro e quando o jogador 2 venceu a partida sem precisar movimentar as peças, apenas colocando uma delas no tabuleiro.

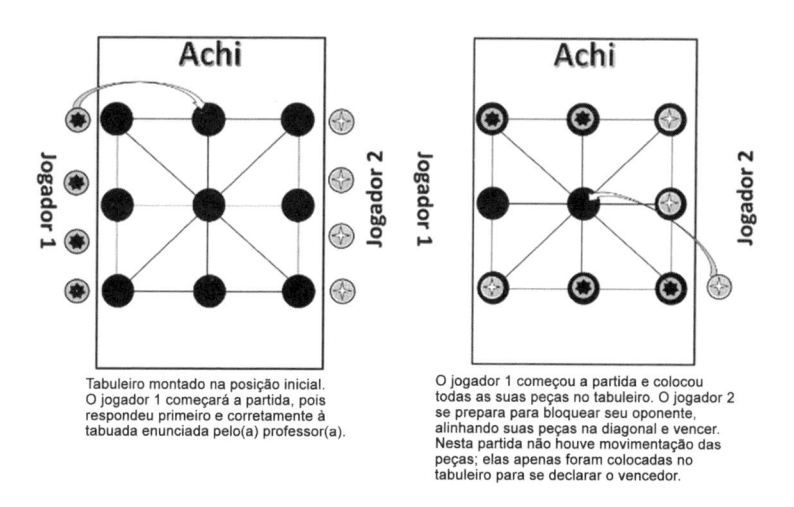

Tabuleiro montado na posição inicial. O jogador 1 começará a partida, pois respondeu primeiro e corretamente à tabuada enunciada pelo(a) professor(a).

O jogador 1 começou a partida e colocou todas as suas peças no tabuleiro. O jogador 2 se prepara para bloquear seu oponente, alinhando suas peças na diagonal e vencer. Nesta partida não houve movimentação das peças; elas apenas foram colocadas no tabuleiro para se declarar o vencedor.

Figura 53: Achi – O jogador 2 vence a partida sem precisar movimentar as peças

Este jogo requer bastante atenção. Após colocar as quatro peças no tabuleiro, os desafios têm início. Cada um dos jogadores precisa pensar nas jogadas seguintes e no que o adversário poderá fazer. O processo de análise passa a ser uma constante.

A matemática envolvida no processo, seja na confecção do tabuleiro, seja no desenrolar da partida, é diversificada, indo da geometria à análise combinatória. Você poderá ir traçando as linhas do tabuleiro e explicando os conceitos presentes nas interseções e nas formas geométricas geradas a partir delas. Também é possível trabalhar a análise combinatória com as possibilidades de jogadas e suas consequências.

Dara

Do 6º ao 9º anos

Assunto: Raciocínio lógico, tabuada, análise combinatória, área e perímetro de quadrados.

Tempo: 50 minutos.

Recursos: Folha A4, régua, caneta, vinte e quatro grãos como milho e feijão ou tampas de garrafa pet (doze de cada cor), ou ainda bolinhas de papel.

Passo a passo

Este jogo tem origem no país mais populoso do continente africano, conhecido como o Gigante da África. Uma de suas fontes de riqueza, além de sua diversidade cultural, é o petróleo. Já descobriu de qual nação estamos falando? Se você pensou na Nigéria, acertou!

Este jogo requer muita estratégia. Nele, para eliminar as peças do adversário é preciso alinhar três das doze peças na horizontal ou na vertical.

Vamos começar montando o tabuleiro: em uma folha de papel A4 faremos cinco divisões iguais na largura (sentido horizontal) e seis no comprimento (sentido vertical), totalizando trinta casas.

O jogo é dividido em duas fases.

A primeira delas é a da inserção das peças; a segunda, a da movimentação. São vinte e quatro peças ao todo, sendo doze para cada jogador.

Tire a sorte ou faça tabuada com os alunos para decidir quem irá iniciar a partida.

Primeira fase: inserção das peças

Além da estratégia, é importante obedecer a estas regras:

• As peças são colocadas alternadamente no tabuleiro.

• Não é permitido, em qualquer momento do jogo, colocar quatro peças de um mesmo jogador em uma das colunas, mas isso pode ocorrer na diagonal.

• Não é permitido alinhar três peças nos sentidos horizontal e vertical. Pode-se fazer no sentido diagonal.

A figura abaixo dá um exemplo de partida, na qual os jogadores estão colocando as peças.

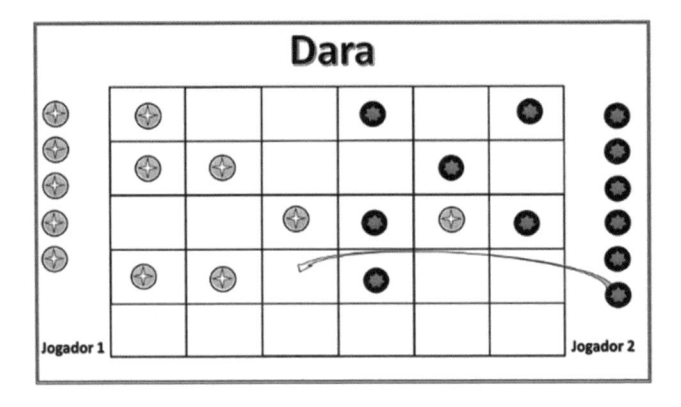

Figura 54: Dara – Partida em andamento na primeira fase

O jogador 1 começou a partida, pois respondeu correta e primeiramente à tabuada enunciada pelo(a) professor(a). O jogador 2 está se preparando para colocar sua sétima peça no tabuleiro.

Segunda fase: movimentação das peças

Nesta fase é permitido mover as próprias peças e retirar as do adversário quando um dos jogadores conseguir alinhar três peças na vertical ou na horizontal. Porém, é importante atentar para estas regras:

• As peças podem ser movimentadas somente no sentido ortogonal (vertical e horizontal).

• Não é permitido mover peças na diagonal.

• Sempre que movimentar uma peça, tome o cuidado para não colocar quatro de suas peças em uma mesma coluna.

• Não é permitido fazer o mesmo alinhamento com as mesmas peças em jogadas seguidas; ou seja, usar as mesmas peças de alinhamento com o objetivo de retirar a peça do adversário.

Abaixo, um exemplo de partida, na qual um dos jogadores está prestes a remover uma das peças de seu adversário.

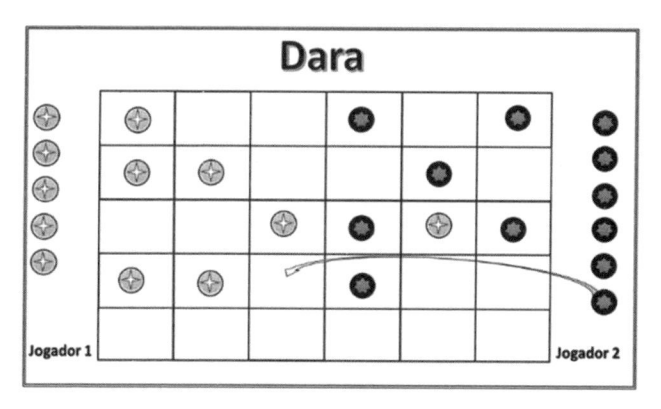

Figura 55: Dara – Partida em andamento na segunda fase

O jogador 1 se prepara para fazer o seu primeiro alinhamento, e depois irá retirar a peça em destaque do jogador 2.

A figura seguinte mostra duas jogadas que não podem ser realizadas no momento de alinhar as peças.

O jogador 1 fez a mesma jogada de alinhamento e com as mesmas peças, o que é proibido. O jogador 2 realizou um alinhamento impróprio, deixando quatro peças numa mesma coluna.

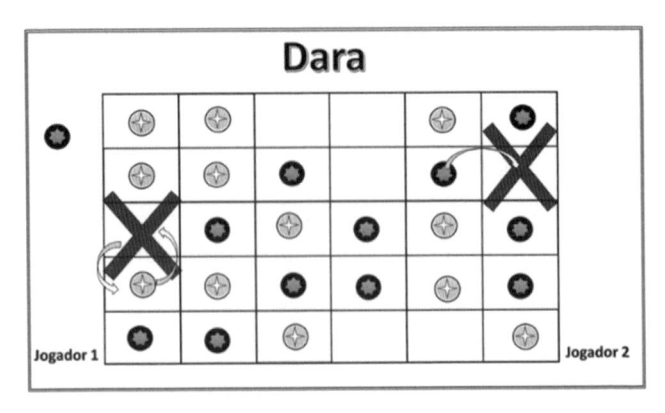

Figura 56: Dara – Jogadas proibidas na movimentação de peças

O jogo termina quando um dos jogadores não tem a possibilidade de formar um alinhamento; ou seja, fica somente com duas peças.

O Dara é um jogo muito estimulante e requer bastante atenção, e pensar nas jogadas seguintes como estratégia pode ser decisivo para garantir a vitória.

Quanto à matemática, você pode trabalhar a tabuada em paralelo à área de quadrados e retângulos, utilizando cada casa do tabuleiro como uma unidade. Por exemplo, a área de um retângulo que tenha três casas na vertical e cinco na horizontal é igual a quinze unidades de área. Desta forma, os alunos trabalham a tabuada.

Yoté

Do 6º ao 9º anos

Assunto: Raciocínio lógico, tabuada, análise combinatória, área e perímetro de quadrados.

Tempo: 50 minutos.

Recursos: Folha A4, régua, caneta, vinte e quatro grãos como milho e feijão ou tampas de garrafa pet (doze de cada cor), ou ainda bolinhas de papel.

Passo a passo

O Yoté é um dos jogos africanos mais conhecidos, jogado em diversos países da África Ocidental, como: Guiné, Gâmbia e Senegal. No Brasil, em 2010, o Ministério da Educação contribuiu para a publicação do livro *Yoté, o jogo da nossa história*, com a tiragem de dez mil exemplares. Esta obra apresenta o jogo e faz adaptações baseadas em brasileiros como: Adhemar Ferreira, Chiquinha Gonzaga, Pixinguinha, Zumbi dos Palmares. Ainda deixa a possibilidade de incluir outros personagens.

Depois destas informações, você ficou curioso para saber mais sobre este jogo?

O tabuleiro do Yoté é composto por seis colunas verticais e cinco horizontais e recebem doze peças.

O tabuleiro começa vazio e os jogadores vão inserindo suas peças à medida das jogadas. A partir da primeira jogada, ambos podem optar por inserir mais de uma peça ou escolher movimentar uma das que já estavam no tabuleiro. Isto faz parte da estratégia de cada jogador.

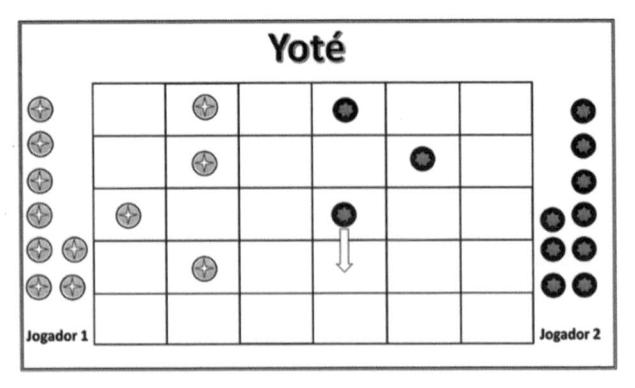

Figura 57: Yoté – Partida em andamento

Os movimentos das peças são ortogonais – ou seja, na vertical e na horizontal – e uma casa por vez. Não é permitido movimentar as peças nem capturá-las na diagonal.

A figura a seguir ilustra uma partida de Yoté em andamento.

O jogador 1 começou a partida, pois respondeu correta e primeiramente à tabuada enunciada por você. O jogador 2 optou em mover sua peça ao invés de colocar a quarta peça no tabuleiro.

As capturas acontecem no mesmo sentido das movimentações das peças, saltando a peça do adversário e caindo em uma casa vazia. Após realização da captura deve-se retirar uma segunda peça do adversário. Caso haja capturas múltiplas, a segunda peça também deverá ser retirada. Observe a seguir os exemplos de jogadas.

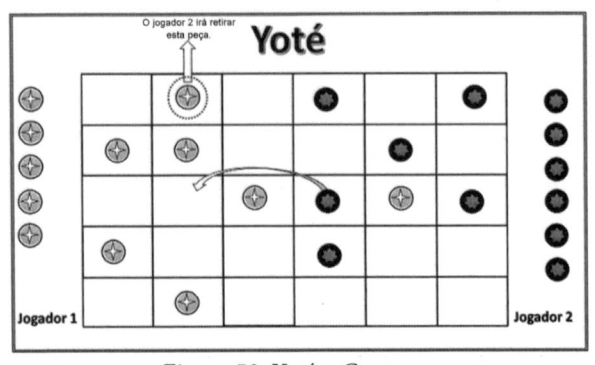

Figura 58: Yoté – Capturas

O jogador 2 se prepara para realizar a captura. Depois irá retirar a peça em destaque do canto superior esquerdo.

Na figura seguinte temos o exemplo de mais uma jogada. A estratégia na retirada da peça após captura faz toda diferença.

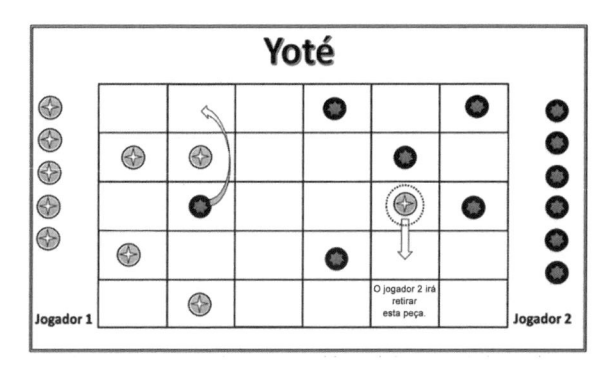

Figura 59: Yoté – Estratégia na retirada da peça

O jogador 2 se prepara para realizar a captura. Só foi possível com a retirada da peça do canto superior esquerdo. Repetindo o mesmo procedimento, após a segunda captura, retira a peça em destaque próxima ao centro, lado direito, para evitar capturas múltiplas do jogador 1.

Vence quem retirar todas as peças ou bloquear as peças restantes do adversário. Caso os dois jogadores fiquem bloqueados – ou seja, sem a possibilidade de movimentação das peças – ganha quem tiver mais peças no tabuleiro.

Portanto, ter estratégia é fundamental para vencer no Yoté. O jogo permite muitas combinações de resultados, e o fato de não precisar colocar todas as peças no tabuleiro de uma só vez torna-o mais instigante e uma experiência única. A matemática é observada de maneira subliminar; seja no raciocínio lógico, na memória ou na análise combinatória.

Senet

Do 6º ao 9º anos

Assunto: Raciocínio lógico, análise combinatória, área e perímetro de quadrados.

Tempo: 60 minutos.

Recursos: Folha A4, régua, caneta, dez tampas de garrafa pet (cinco de cada cor) ou bolinhas de papel, e quatro palitos de picolé.

Passo a passo

O Jogo Senet tem uma característica peculiar em relação aos demais. Jogado por trabalhadores e até por deuses na terra – como os egípcios consideravam os seus faraós –, é dos jogos de tabuleiro mais antigos que se tem registrado. Por isso, não há exatidão em relação às suas regras; elas foram reconstruídas a partir de fontes históricas e arqueológicas.

O jogo é composto de quatro estiletes (como se fossem dados), dez peças, cinco para cada jogador, e um tabuleiro retangular com trinta casas divididas em três filas, cada uma com dez casas. O objetivo do jogo é mover todas as peças do lado inicial do tabuleiro para o seu lado oposto, antes do jogador oponente.

O jogo começa com todas as dez peças sobre o tabuleiro, sendo cinco para cada jogador e alternadas entre si. Posicionadas nas casas 1 até 10, as peças são diferenciadas pela cor: preta e branca. As peças de cor branca ficam nas casas ímpares, e as de cor preta, nas casas pares.

Os jogadores lançam os estiletes alternadamente – eles formam um conjunto de quatro pedaços de madeira (no nosso jogo, palitos de picolé), com um dos lados pintados. Quem conseguir tirar a pontuação 1 começa com as peças pretas e também faz a primeira jogada, pulando para a casa 11, primeira da segunda fileira.

Como funciona o estilete e como somar a pontuação?

O jogador segura todos os estiletes na vertical; quando soltos, irão cair mostrando sua parte preta (lado pintado) ou branca (lado não pintado). Podemos contar o número que sair indicado pela cor pintada, sendo um lado pintado igual a 1, dois lados pintados igual a 2, três lados pintados igual a 3, quatro lados pintados igual a 4 e quatro lados brancos (sem pintar) igual a 6; não é possível tirar o número 5.

A figura a seguir ilustra essa pontuação.

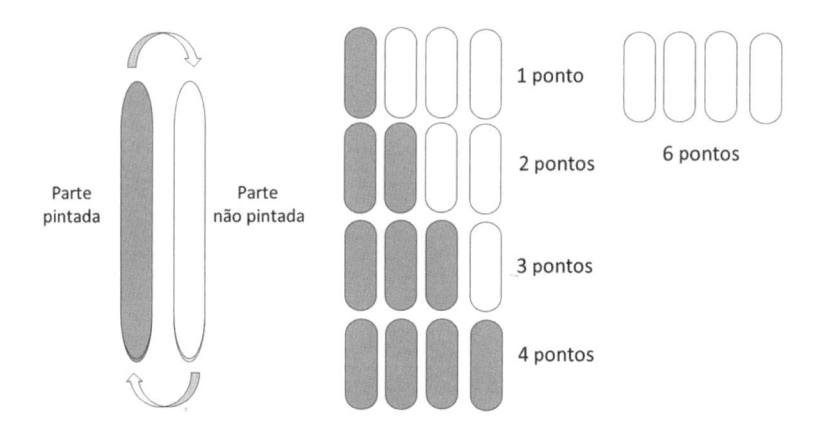

Figura 60: Senet

O primeiro a jogar é quem tira o número 1 no estilete e fica com as peças pretas, movimentando a primeira peça da fila para a próxima casa. Todas as vezes que um jogador tirar os números 1, 4 ou 6 no estilete, continuará jogando. A vez só passa a ser do outro jogador quando cair os números 2 ou 3.

No tabuleiro, todas as linhas têm dez casas, e no momento de movimentar a peça obedece-se à trajetória de ziguezague, saindo da primeira linha até a terceira. Porém, a casa 15 (segunda linha; casa da ressurreição) e as casas 26, 27, 28 e 29 (terceira linha; casa da beleza, casa da água, casa das três verdades e casa de Atum--Rá) são especiais.

Não é permitido que duas peças ocupem a mesma casa. Assim, se durante o movimento, uma peça cair em uma casa já ocupada pelo oponente, estabelece-se um ataque, e sua peça deve trocar de posição. Porém há casos especiais em que o jogador pode se proteger de um ataque. Vamos a eles:

- Se duas peças da mesma cor estiverem juntas, uma após a outra, ambas estarão protegidas de um ataque do adversário.
- Se houver três peças seguidas, não só o jogador se protegerá, como também nenhuma das peças do oponente poderá ultrapassar as três peças.
- Se todas as suas peças, por algum motivo, não puderem ser locomovidas para a frente, o jogador deverá escolher uma das peças para seguir o mesmo número obtido no estilete, só que no sentido oposto; ou seja, retornar o movimento.

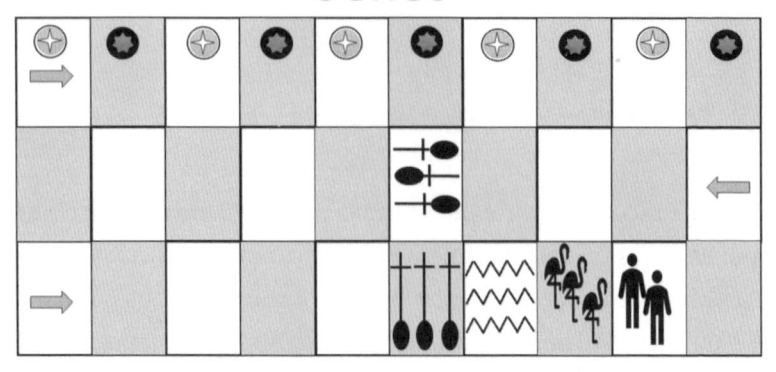

Figura 61: Senet – Várias peças no mesmo lugar do tabuleiro

O vencedor do jogo será aquele que conseguir tirar primeiro todas as suas cinco peças do tabuleiro. Para retirar uma peça o jogador deve percorrer todo o caminho até o final da terceira fileira, e sua peça só ficará proibida de ser retirada se uma de suas outras peças ainda estiver na primeira fileira.

Regras para as casas especiais:

- Casa 15 (casa da ressurreição): volte para a casa 1.
- Casa 26 (casa da beleza): parada obrigatória antes de seguir.
- Casa 27 (casa da água): volte para a casa da ressurreição (15). Se ela estiver ocupada (por alguma peça sua ou do adversário), volte para a primeira casa do tabuleiro.
- Casa 28 (casa das três verdades): a peça não poderá ser atacada (de modo geral, só pode sair do tabuleiro se tirar 3).
- Casa 29 (casa de Atum-Rá): a peça não poderá ser atacada (de modo geral, só pode sair do tabuleiro se tirar 2).
- Casa 30 (casa final): a peça não pode ser atacada (de modo geral, só pode sair se tirar 1, em algumas versões).

Atenção! As casas especiais adicionam um elemento de incerteza e estratégia ao jogo, pois os oponentes devem tomar decisões com base no risco e na recompensa de mover suas peças para elas.

Portanto, o Jogo Senet é um desafio emocionante e envolvente para os jogadores. Sendo possível trabalhar a matemática, principalmente com o tabuleiro, no cálculo de perímetro e área de formas planas; porém, a análise de combinações, possibilidades e incertezas nos movimentos, principalmente por conta das casas especiais, faz com que este jogo burle as probabilidades matemáticas de determinar o vencedor. Aqui a sorte faz toda a diferença.

Então, boa diversão para você e seus alunos!

Fanorona

Do 6º ao 9º anos

Assunto: Raciocínio lógico, análise combinatória, conceitos de geometria analítica, área e perímetro de quadrados e triângulos.

Tempo: 60 minutos.

Recursos: Folha A4, régua, caneta, quarenta e quatro tampas de garrafa pet (vinte e duas de cada cor) ou sementes de girassol, milho ou feijão, e até mesmo bolinhas de papel.

Passo a passo

O Fanorona é um jogo de tabuleiro para dois jogadores, originário de Madagascar, uma ilha localizada no continente africano, próxima a Moçambique, na costa leste da África e Oceano Índico. Para alguns historiadores, sua origem é indiana.

O Fanorona tem duas particularidades: 1ª) a captura das peças, que se dá por aproximação e/ou distanciamento, e 2ª) a estruturação do tabuleiro, formado por linhas verticais, horizontais e diagonais.

Vamos começar pelo tabuleiro, que é no formato retangular, podendo ser dividido em trinta e dois quadrados iguais, sendo quatro na vertical e oito na horizontal. Cada quadrado é dividido em uma de suas diagonais.

As peças no tabuleiro ocupam as intersecções das linhas, que são as casas nas quais as peças podem ficar, com exceção da casa central que, no início do jogo, fica vazia esperando o primeiro movimento. As peças à direita e à esquerda da casa central são intercaladas para facilitar as capturas no início do jogo.

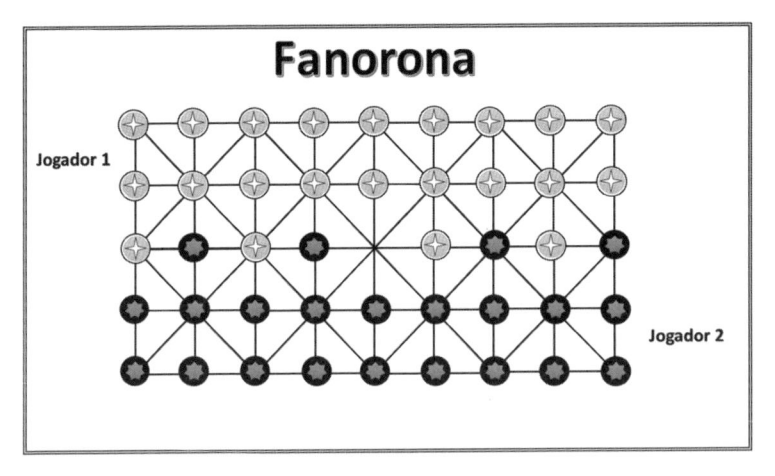

Figura 62: Fanorona

Os movimentos ocorrem em qualquer direção, desde que seja sobre as linhas, uma casa por vez e que esteja vazia. As jogadas se alternam entre os jogadores.

Quanto às capturas, elas precisam ocorrer na mesma direção do movimento da peça, e podem ser múltiplas, desde que seja em outra direção. Elas ocorrem por aproximação – quando um jogador aproxima sua peça da peça oponente e que esteja na mesma linha – ou por afastamento – quando se afasta da peça do adversário que está na mesma linha. Assim, a peça – ou peças – que está na mesma linha poderá ser retirada do tabuleiro. As capturas são obrigatórias.

O jogador que faz a captura prossegue jogando. O adversário só terá a vez quando o oponente não capturar de uma de suas peças.

Vence o jogo quem capturar primeiro todas as peças do adversário. Independente da vitória, o jogo promove o foco e a atenção. Inicialmente, as capturas ocorrem com grande frequência; porém, com menos peças no tabuleiro, as táticas da partida mudam, ocasionando mais concentração. É um ótimo jogo para o aluno que tem dificuldade de se manter focado.

Kharbaga

Do 6º ao 9º anos
Assunto: Raciocínio lógico, análise combinatória, conceitos de geometria analítica, área e perímetro de quadrados e triângulos.
Tempo: 60 minutos.
Recursos: Folha A4, régua, caneta, vinte e quatro tampas de garrafa pet (doze de cada cor).

Passo a passo

Desta vez vamos até o norte do continente africano, mais precisamente no Marrocos, onde encontramos um jogo de tabuleiro de pura estratégia, chamado Kharbaga, feito para dois jogadores.

Seu campo de batalha é composto por vinte e cinco casas, sendo doze peças para cada jogador. Assim como o Fanorona, sua casa central fica vazia no início da partida, bem como os movimentos das peças se dão nas linhas verticais, horizontais e nas diagonais. A figura a seguir mostra o tabuleiro do Kharbaga

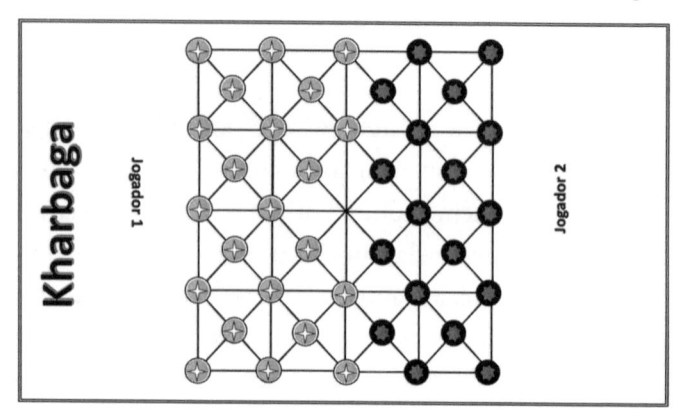

Figura 63: Kharbaga

O jogo é bastante complexo, já que existem muitas possibilidades de captura e bloqueio. Os jogadores devem planejar suas jogadas com cuidado para maximizar suas chances de capturar as peças do oponente e evitar que as suas sejam capturadas.

A captura é feita de forma similar à do Jogo de Damas, movendo-se uma peça para uma casa vazia ao lado de uma peça do oponente; pula-se a casa dele, desde que a casa do outro lado esteja vazia. O jogador pode realizar múltiplas capturas em uma única jogada, se houver um conjunto de peças do oponente alinhadas em linha reta ou na diagonal, com casas adjacentes vazias entre as peças a serem capturadas.

O objetivo deste jogo é capturar todas as peças do oponente ou deixá-lo sem possibilidades de movimento. Se um jogador não tiver mais movimentos possíveis, ele perderá o jogo. Este pode terminar em empate se ambos os jogadores não conseguirem capturar todas as peças do oponente ou deixá-lo sem possibilidades de movimento.

Zamma

Do 6º ao 9º anos

Assunto: Raciocínio lógico, análise combinatória, conceitos de geometria analítica, área e perímetro de quadrados e triângulos.

Tempo: 60 minutos.

Recursos: Folha A4, régua, caneta, oitenta sementes de girassol, milho ou feijão.

Passo a passo

Zamma é um jogo de tabuleiro tradicional do norte da África, principalmente jogado na Argélia. É um jogo de estratégia para dois jogadores e um dos jogos de tabuleiro com a maior quantidade de peças: quarenta para cada jogador.

Ele é muito similar ao Kharbaga e ao nosso Jogo de Damas. Por isso iremos abordar somente as principais diferenças entre eles.

O tabuleiro tem o formato quadrangular de nove linhas e nove colunas. Podemos dizer que é equivalente a quatro vezes ao tamanho do Kharbaga. No início do jogo a casa central no tabuleiro fica vazia, para facilitar a movimentação.

As peças podem se mover apenas uma vez para casas adjacentes, em todas as direções. Entretanto, quando uma peça chega ao final do campo do adversário, ela é promovida com uma coroação, como o nosso Jogo de Damas. Por isso, ela pode percorrer quantas casas desejar, permitindo-se fazer capturas múltiplas, desde que haja espaços vazios entre as casas.

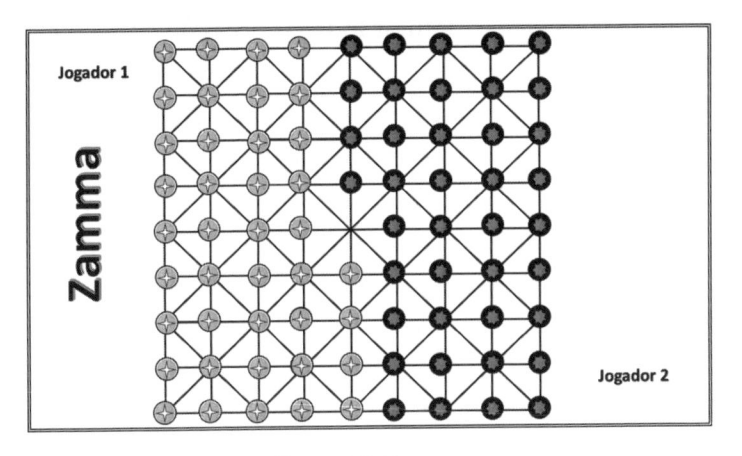

Figura 64: Zamma

As capturas são feitas movendo-se uma peça para uma casa adjacente vazia, ao lado de uma peça do oponente; pula-se a casa do adversário, desde que a casa vizinha do outro lado esteja vazia.

O jogador pode capturar múltiplas peças em uma única jogada, se houver um conjunto de peças do oponente alinhadas na horizontal, na vertical ou na diagonal e haja espaços vazios entre as casas.

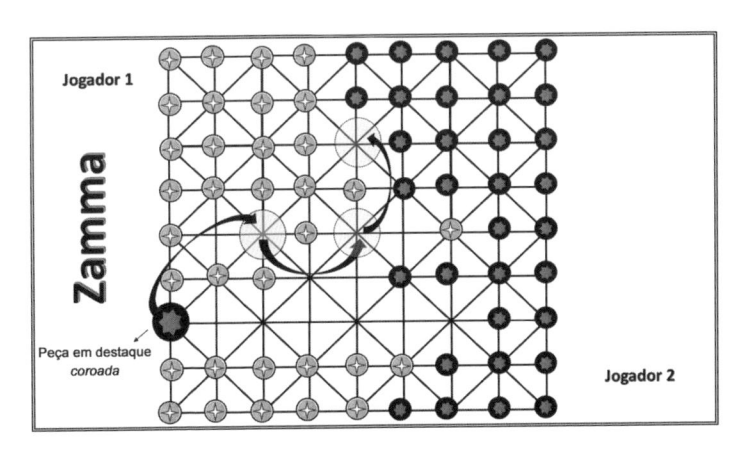

Figura 65: Exemplo de capturas múltiplas com uma peça coroada

O objetivo do jogo é capturar todas as peças do oponente.

Embora seja um jogo menos conhecido, em comparação com outros jogos de tabuleiro, ele é popular em algumas partes do mundo, principalmente no norte da África. Ele tem muitas variações, dependendo da região. Porém, todas elas seguem as mesmas regras; o diferencial é o tamanho do tabuleiro.

O Zamma é um jogo desafiador e divertido, que testa a habilidade dos jogadores em tomar decisões de forma estratégica. Também é uma ótima oportunidade para se ensinar conceitos de geometria analítica como: ponto, retas paralelas e concorrentes.

Seega

Do 6º ao 9º anos

Assunto: Raciocínio lógico, análise combinatória, área e perímetro de quadrados e triângulos.

Tempo: 60 minutos.

Recursos: Folha A4, régua, caneta, vinte e quatro tampas de garrafa pet (doze de cada cor).

Passo a passo

A literatura relata desenhos de tabuleiros de Seega, encontrados no antigo Egito e gravados em pedra, datando de aproximadamente 1300 anos a.C. É considerado o jogo nacional da Somália.

Aparentemente, é jogo de estratégia simples, mesmo que exija atenção e habilidade para capturar as peças adversárias. Suas regras são bem claras e fáceis de entender, tornando-se acessível a jogadores de todas as idades.

Como se joga?

O tabuleiro tem vinte e cinco casas distribuídas em cinco colunas verticais e cinco horizontais. É jogado com vinte e quatro peças, doze de uma cor e doze de outra.

Seu principal objetivo é capturar todas as peças do adversário, havendo duas possibilidades de vitória. Uma delas é a vitória total, quando o jogador consegue capturar todas as peças do adversário. A outra é o jogador alinhar cinco de suas peças nos sentidos horizontal ou vertical, dividindo o tabuleiro em duas partes e isolando todas as peças do adversário, não importando a quantidade de capturas realizadas.

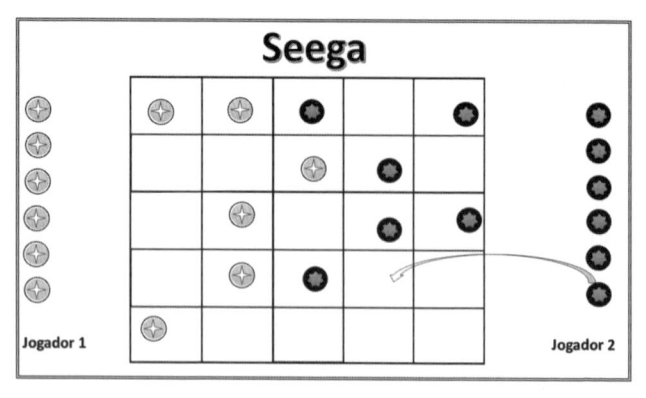

Figura 66: Seega

Pode ser declarado um empate quando ambos os jogadores ficarem com três ou menos peças no tabuleiro e não for possível efetuar capturas.

O Seega jogo é dividido em duas fases: a da colocação das pelas e a da movimentação com captura.

A fase da colocação das peças é muito importante, pois, já no início do jogo, uma peça mal colocada pode expor um jogador ao perigo. A possibilidade de fazer capturas simultâneas e consecutivas torna o jogo mais dinâmico e imprevisível, o que pode deixar as partidas mais emocionantes.

O tabuleiro inicia vazio e decide-se quem começa. Na primeira fase, alternadamente, cada jogador vai colocando suas peças, de duas em duas. A casa central permanecerá desocupada na primeira fase.

Durante a fase de movimentação, um jogador pode mover uma peça em direção a uma casa vazia ao lado, no sentido horizontal ou vertical, mas nunca na diagonal.

Se o jogador estiver bloqueado logo no início do jogo, deve retirar uma peça do adversário para que possa fazer o movimento. A captura ocorre entre peças. No entanto, se o jogador colocar sua peça entre duas peças do adversário, não pode fazer a captura.

Como vimos, há várias formas de vencer o jogo, o que torna as partidas ainda mais desafiadoras, havendo a possibilidade de empate, caso nenhum jogador consiga capturar as peças do adversário.

As capturas são obrigatórias, mas a peça que está na casa central fica protegida, não podendo ser capturada.

Este jogo é uma ótima oportunidade para estimular o foco, pois durante a partida – seja na fase de colocação das peças, seja nas capturas – as táticas mudam, gerando a necessidade de mais atenção. Portanto, é ótimo para o aluno que tem dificuldade de se manter concentrado.

Morabaraba

Do 6º ao 9º anos

Assunto: Raciocínio lógico, análise combinatória, conceitos de geometria analítica, área e perímetro de quadrados.

Tempo: 60 minutos.

Recursos: Folha A4, régua, caneta, vinte e quatro tampas de garrafa pet (doze de cada cor).

Passo a passo

O nosso último jogo africano, o Morabaraba, não envolve elementos de sorte ou adivinhação.

As diversas possibilidades de movimento, a leitura interpretativa das peças, a concentração, o cálculo da probabilidade nas estratégias e de captura ou defesa das peças, bem como o desenvolvimento do raciocínio lógico contribuem para deixar este jogo ainda mais emocionante.

Ficou curioso? Vamos ver como se joga?

Na descrição do tabuleiro já vemos em ação a matemática e principalmente a geometria. É composto por três quadrados concêntricos e vinte e quatro círculos para posicionar as peças; ou seja, as casas estão localizadas nos vértices e nos pontos médios dos quadrados, que estão interligados entre si. As peças podem ser de tampa de garrafa pet, sementes ou bolinhas de papéis de cores diferentes.

Após decidir quem começa a jogar, a dupla vai alternando a movimentação, colocando as peças em qualquer casa vazia, tomando-se o cuidado para não permitir que o adversário faça um alinhamento de três de suas peças em qualquer uma das direções (horizontal, vertical e diagonal), pois isso possibilita o início das capturas. Após a colocação de todas as peças no tabuleiro passa-se para a fase de movimentação.

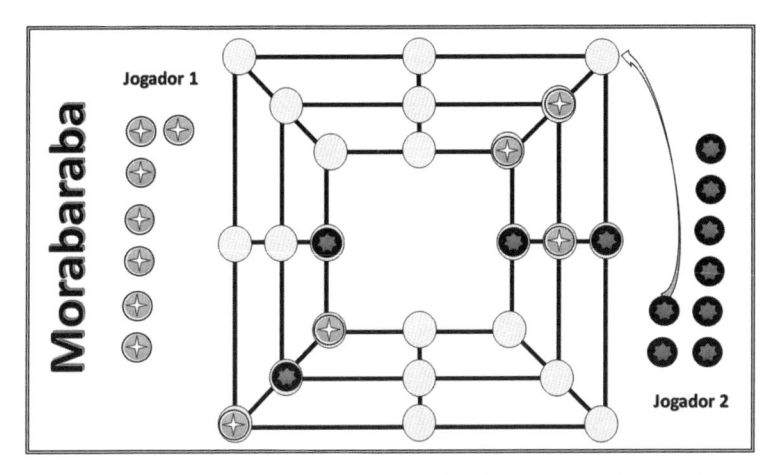

Figura 67: Morabaraba com as peças sendo adicionadas pelos jogadores

Após feita uma captura ou movimentação, o jogador passa a vez para o adversário.

Inicialmente, os jogadores poderão mover suas peças somente para as casas vizinhas que estejam ligadas pelos segmentos. No final do jogo, quando um dos jogadores ficar com apenas três peças, é permitido movê-las para qualquer uma das casas vazias do tabuleiro, saltando sobre suas peças e as do adversário.

O objetivo do jogo é capturar as peças do outro jogador; porém, há duas maneiras de terminar a partida: uma quando um dos jogadores fica apenas com duas peças no tabuleiro; ou seja, está impossibilitado de fazer alinhamentos. Outra, quando um dos jogadores consegue bloquear o adversário de modo que não seja possível realizar qualquer movimento.

O Morabaraba talvez seja um jogo menos conhecido pelo nome de origem africana; porém é mais divulgado com este nomes: Trilha, Moinho e Nine Men's Morris.

Conecte-se conosco:

facebook.com/editoravozes

@editoravozes

@editora_vozes

youtube.com/editoravozes

+55 24 2233-9033

www.vozes.com.br

Conheça nossas lojas:

www.livrariavozes.com.br

Belo Horizonte – Brasília – Campinas – Cuiabá – Curitiba
Fortaleza – Juiz de Fora – Petrópolis – Recife – São Paulo

  *Vozes de Bolso*

EDITORA VOZES LTDA.
Rua Frei Luís, 100 – Centro – Cep 25689-900 – Petrópolis, RJ
Tel.: (24) 2233-9000 – E-mail: vendas@vozes.com.br